U0304591

距离远一点 人生不纠结

95岁女律师洞察人心的生活智慧

ほどよく距離を置きなさい

日本九州第一位女律师

【日】汤川久子◎著

胡玉清晓◎译

机械工业出版社
CHINA MACHINE PRESS

汤川久子是日本九州地区第一位女律师，她到90岁时依然在工作，从业60年，经手了超过1万件离婚、继承等有关人际关系的案件。从这些纠纷之中，她体悟到了：人与人之间需要保持适当的距离，方能活得更自在；如果靠得太近，就会像线团一样纠缠在一起。本书通过真实的案例展示了，无论是婚姻关系，还是与父母或孩子的关系，都应该保持这种距离。

图书在版编目（CIP）数据

距离远一点，人生不纠结 /（日）汤川久子著；胡玉清晓译.
—北京：机械工业出版社，2022.5
ISBN 978-7-111-70587-1

Ⅰ.①距… Ⅱ.①汤… ②胡… Ⅲ.①人生哲学－通俗读物
Ⅳ.① B821-49

中国版本图书馆CIP数据核字（2022）第064888号

机械工业出版社（北京市百万庄大街22号 邮政编码100037）
策划编辑：廖 岩 责任编辑：廖 岩
责任校对：李 伟 责任印制：刘 媛
盛通（廊坊）出版物印刷有限公司印刷

2022年7月第1版第1次印刷
145mm×210mm・5.75印张・3插页・76千字
标准书号：ISBN 978-7-111-70587-1
定价：49.00元

电话服务
客服电话：010-88361066
010-88379833
010-68326294
封底无防伪标均为盗版

网络服务
机 工 官 网：www.cmpbook.com
机 工 官 博：weibo.com/cmp1952
金 书 网：www.golden-book.com
机工教育服务网：www.cmpedu.com

译者序

壬寅虎年春节来临之际，我交出了本书的译稿。翻译的过程苦乐皆有，于我而言是十分珍贵的体验。

本书的作者汤川久子女士是一位年近百岁的律师，在60余年的从业生涯中，她经手了上万起与人际关系相关的案子，其中包括夫妻关系、亲子关系、朋友关系以及兄弟姐妹之间的关系等。作者将几十年来工作与生活中积累的人生经验凝练成文，告诉我们应该如何处理人际关系。本书的篇幅不大，但字里行间处处都能感受到作者的细腻温柔，以及她面对漫长人生的通透豁达。我想，岁月是上天对作者的馈赠，也是我们每个人终将收获的礼物。

书中的内容也引发了我自己对人际关系的一些思考。

万事万物皆有度，而人与人之间的距离尺度尤难把握。边界感和分寸感是与人交往的前提，也是我们一生都要学习的课题。与他人相处时，距离太远难免生疏，靠得太近又会在某些时刻显得面目可憎。我很认同作者在书中所讲的“我决定把自己看得比谁都重要”，在我看来，珍视自己与尊重他人是发展出健康关系不可或缺的条件。诚然，每个人都是独立的个体，但我们也时刻活在与他人的关系中。不过度美化他人，不过分期待他人，尊重人性的复杂和脆弱，在彼此真诚的碰撞中学会宽待他人，与真实、具体的人建立联结，结成温暖的牵绊，并由此生出对他人深刻的理解与体谅，这样的关系永远值得我们付出努力。

翻译是我热爱的工作，我很享受通过文字与作者对话的乐趣，同时也希望自己在翻译过程中尽可能隐身，以最忠实的方式将作者的观点和想法传达给读者。一想到自己的文字会被人读到，伴随着期待而来的还有内心的惶恐。我深知自己尚有诸多不足，对于译文中的不成熟之处还望各位读者多多谅解，也欢迎大家批评指正，这些都会是我今后在翻译道路上不断进步的动力。

最后，感谢您的阅读，希望您会喜欢这本书。

胡玉清晓

2022 年 1 月

前　言

保持适当的距离，人会意外地变温柔。

与人交往的时候，我们会衡量与对方之间的距离感，想要接近对方时态度会过于急切，想要保持距离时又会过分克制自己。就这样在犯错中一边修正调整，一边推进人际关系。所谓人生，就是不断寻找和他人之间的适当距离的过程。

人生到了一定的阶段，人就会希望找到和他人之间最舒适的距离。这就是我认为的成熟大人的形象。

在这本书中，我想提出的建议是注意与他人保持适当的距离。不管是对自己的伴侣、孩子、媳妇、女婿，还是邻居、多年的朋友，都应当如此。

前言

试着比自己想象中多退半步，与他人稍微拉开一些距离，就会发现自己变得比平时更温柔了。

线与线之间离得太近就很容易纠缠在一起。同样，很多人际关系的纠葛都源于距离过近。到目前为止，在60多年的律师生涯中，我几乎疏通整理过所有人际关系中“纠缠的线”。

只要方法正确，就能解开那些缠在一起，甚至打了死结的线。纠结的状况各有不同，但只要身在其中，就无从下手。但是，如果你能后退一步，站在旁观者的角度看待问题，或许就能理出头绪。

换句话说，如果能与自己身上发生的问题和烦恼保持适当的距离，事情就能迎刃而解。使用“法律”作为

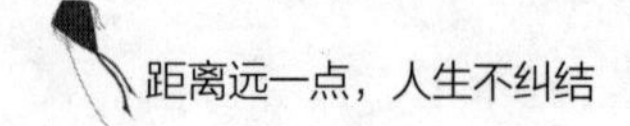

润滑剂，一边解开看似打了死结的线，一边见证很多人的人生转机，我也从中受益良多。

身为一名法律专家，我将大半个律师生涯奉献给了民事诉讼。但是，我想告诉大家，这一领域的法律不是为了“裁决”，而是为了“解决”。

法律无法审判人心。法庭上裁决的“胜诉”或“败诉”也不会决定人生“真正的幸福”。

“胜诉”的人活得沉重苦闷，而“败诉”的人则活得轻松惬意，这样的例子不在少数。我的律师生涯，就是观察无法被法律审判的复杂而荒诞的人，与此同时不断思考到底什么是真正的幸福。

虽说律师工作是抽象意义的“解开缠绕的线”，但实际上我并不擅长解开缠在一起的线团或者绳子等实物。我天生性子急，每次遇到什么东西解不开，都会拜托同事“能帮我解开吗”，然后震惊于对方解开的速度之快。

这样的我却执拗地想要解开他人的心结，是因为我真心希望他们解开心结后能够重新向前看。我期待他们能够活得更舒适，好好把握人际交往中“恰到好处的距离”。

目　录

02

保持距离才能变得温柔

03

真诚地生活

04

保持活力，乐享当下

01

拉开距离
就能
理出头绪

距离远一点，人生不纠结

需时刻意识到自己的不成熟

我于 1957 年（昭和三十二年）在福冈市开始了律师生涯，是九州地区第一位女律师。

当时的时代风气还很保守，“女人做不了男人的工作”“身为女人还那么狂妄自大”等批判女性的声音不绝于耳，我也常被问“为什么要当律师”。

就我而言，并不是因为正义感十足，或者以某个事件为契机戏剧性地进入了这一行业，而是因为做律师的父亲对我说：“你如果要上大学就要念法律，还要参加司法考试，这是我的条件。”

当上律师后又偶然成了九州地区第一位女律师，这给年轻的我带来了巨大的压力。在我从业经验尚浅的时期，初次见面的委托人看到我大多会露出不放心的表情。这种时候，律师前辈总会在委托人面前帮我说话："她虽然是位女性，但非常努力。"

在清一色的男性世界里，我曾经因为不服输而跟一位前辈针锋相对，结果被这位前辈以不屑的态度对待，他表示："不就是个小姑娘嘛！"这让我很不甘心。律师永远要用实力说话，想要回报委托人信任的想法一直驱动着我前进。

转眼就来到了律师生涯的第 61 个年头，一直以来我都有一种不曾回头、一个劲儿地向前跑的感觉。但不知为何，刚成为律师时心中那种"我能做到吗"的不安，工作中的不甘心，没能满足委托人期待时的遗憾，这些感觉至今仍然萦绕在心中，从未消散。

我将能乐[㊀]作为兴趣坚持了 50 多年，现在因为腰伤

㊀ 能乐，在日语里意为"有情节的艺能"，是最具有代表性的日本传统艺术形式之一。——译者注

而放弃了舞蹈，只能坐在椅子上继续练习唱词。但只要一走进我家兼事务所的玄关旁的练习室，我感觉自己的腰板立刻就挺直了。

能乐的集大成者世阿弥[㊀]曾在《风姿花传》[㊁]中说过“不忘初心”。“初心”这个词很容易被理解为开始一件事时的心情和志向，但世阿弥所说的“初心”的本意，据说是指初次一个接触事物时的无经验状态，也就是不成熟的状态。

换言之，“回归初心”就是回归不成熟的自己，即“不要忘记自己的不成熟，要不断精进”。

不知道从什么时候开始，我有了这样的想法：也许正是因为我心中至今仍留着新人时期让我深感遗憾的回忆，所以才能一直坚持这份职业到现在，才能继续为了帮助委托人而上庭。

㊀ 世阿弥（ぜあみ，1363 年—1443 年 9 月 1 日），日本室町时代初期的猿乐演员与剧作家，代表作品有《高砂》等。——译者注

㊁ 世阿弥所著的能剧理论书，以亡父观阿弥的教导为基础，加上世阿弥自身领会的对技艺的理解著述而成。——译者注

同样是在《风姿花传》中，世阿弥还有过这样的表达：

“将一时之花误认为真正的花

会与真正的花渐行渐远

只是世人都痴迷这一时之花

不知其终将消逝”

所谓“一时之花”，是指年轻、充满活力的生命所绽放的花。但如果沉迷于昙花一现的“一时之花”，就会远离“真正的花”。我一直记着这句话，它让我深刻体悟到了人生的真谛。

作为律师，我要时刻谨记，即使取得了满意的成果也不能骄傲自满，每次结束一个案子之后都要整理好心情来面对下一位委托人。这种时候能让自己变得谦虚、真挚的，正是曾在不成熟时期折磨过我的不安和焦虑。

“切勿贪恋一时之花”。随着岁月的流逝，当那些能让自己引以为戒的事物渐渐消失时，我才意识到，正是盘踞在我内心的“对不成熟的自觉”一直支撑着我不被动摇。

骄傲自满于“一时之花”的人，会远离需要用一生来绽放的“真正的花”。

——“意识到自己的不成熟”有助于自我成长。

把过去的事情抛在脑后，一心一意向前走

“女性也要学习。”

在那个女性受教育程度普遍不高的年代，父亲常这样跟我讲。太平洋战争爆发时，我从上海老家来到东京，进入帝国女子专业学校（现在的相模女子大学）国文系学习。

次年4月19日，在东京山手大空袭中，女专的校舍和宿舍全部被烧毁，我只得回了上海。战争结束后我来到熊本，休学一年后复学。然而，临近毕业之际，我生出了更加强烈的“想在大学学习”的意愿。战败那年的

12 月，日本文部省[㊀]允许大学和专业学校男女同校，因此进入大学的女性也逐渐增加。我把这件事告诉当律师的父亲，他说：“如果你想去念法律系，将来当律师或者法官，那可以去上大学。”

我本想继续学习国文，觉得自己一定考不上法律系。但幸运的是，我考上了中央大学法学部，再次来到了东京。在我看来，在东京学习本身就是一件“闪闪发光”的事。

只是，在大学学习法律的过程比预想中还要辛苦。大二时，我参加了校内为司法考试设立的研究室的入室考试，虽然顺利通过，但当时有志于成为律师的女性还很少。据说当时有男同学反对我进研究室，说“女生来了我们会分心”。但考官坚持“既然通过了考试，就不能因为是女性而拒绝”，如此我才得以进入研究室。作为研究室唯一的女性，当跟不上大家应试学习的步伐，喘不过气来的时候，我便会去散步，写短歌。我用这种半吊子的态度学习，最后没有通过司法考试也不意外。

㊀ 日本中央政府的行政机构之一，负责统筹日本国内教育、科学技术、学术、文化及体育等事务。——译者注

1951年（昭和二十六年），大学毕业后我回到熊本，在身为律师的父亲的指导下，开始了以司法考试为目标的特训，平均每天伏案十小时。父亲说“只要努力学习就能通过考试，剩下的就只需要掌握答题技巧了”，但我内心很反对他这种说法，我认为“以自己一个文学爱好者的头脑是不可能通过司法考试的”。

不过，我从小就好强，学习上也是如此，即使不被要求我也会拼命学习。父亲一定是看穿了我的这一点，所以无论我怎么反弹，他都是一副若无其事的样子，无论我做题做得多痛苦，他都毫不留情。

除了父亲的亲自指导，我还接受了一名司法实习生的指导。终于，我于1953年（昭和二十八年）通过笔试，次年又通过了面试。我给在熊本的父亲发去录取电报，告诉了他这个好消息。

如今，我不禁惊讶于父亲的先见之明，他在那个时代就抱有“女性也应该自立自强”的观念。如果我当初没有走上律师这条路，不知道能否走到今天。但回头想想，当初我觉得被强加于我的道路，最终也是我自己选择的道路。

在我的委托人中，能够在克服重重困难之后最终获得幸福的人，都是坦然接受“这就是我的人生”并勇敢迈步向前的人。

很多委托人来找我咨询离婚或遗产继承时表现得十分烦恼，说着“不知道今后该怎么活下去”“以前我们一家人关系很好，没想到竟然闹到这个地步”之类的话。几年后，他们已经顺利解决了问题。当他们带着微笑，充满骄傲地跟我说“托您的福，我现在很幸福”时，那一瞬间，我发自内心地觉得自己的工作很棒。

在人生的艰难时期，为各种不顺利而烦心的时候，我们会觉得“不应该是这样的”，会想要逃避。但不管把责任推给谁，这终究是自己要走完的路。

重要的是，要脚踏实地地从现在的位置一步一步努力前进，在此基础上按照自己的意愿选择并走好今后的路。

人生中遇到的各种痛苦、与家人或伴侣之间的问题、人际关系不和谐等，解决这些问题的线索不在过去。执着于过去的荣耀则无法看到未来。

“现在要怎么做？”这个问题没有标准答案。只要努力活在当下，总有一天一定会看到，我们过去走过的路以及今后要走的路都在“闪闪发光”。

不要说“那个时候要是那样做就好了”之类的话，人一旦纠结过去，就会连选择未来的道路这样的事情也做不到了。

“这条路是我自己选的”，想到这里，
我就感觉自己此前的人生“闪闪发光”。

——只要最后能够抵达目的地，无论选择哪条路都不会错。

不要让自己身陷问题的漩涡中

找我进行法律咨询的绝大多数人，都是因为离婚、继承等问题而和家人、亲戚纠缠不清的人。

其中，有的妻子因为饱受丈夫的暴力和谩骂而身心疲惫，来到我事务所的时候脸上毫无生气。

想必她们一定受到了很多责骂，被丈夫否定，被剥夺了力量，把重担都扛在了自己肩上吧。她们无法直视我的眼睛，只能用几乎听不见的声音无力地说话。这种时候，我会先跟她们说：

“请抬起头，看着我的眼睛说话。”

我这样说了之后，她们才会害羞地抬起头，跟我目光对视。很不可思议的是，这时候她们每个人的眼睛都恢复了神采。渐渐地，她们的声调也变了，背也挺直了。这一刻，她们的姿态从怀抱问题转为了面对问题。

心中带着问题，低垂着头，这是一种被埋没在问题中、只看得到问题的状态。在这种状态下，人生会成为问题本身，人也会从根本上否定自己的未来。

只要抬起头，向前看，就是一种面向未来的姿态。然后，她们会发现，自己所拥有的世界并非像现在一样一片黑暗。

没有烦恼的人是不存在的。

人活在世上，就必然要跟他人打交道，当中有感到幸福的时候，也一定会有不顺利的时候。

迄今为止，我和很多人打过交道，从中得出一个结论：每个人都有无法通过其外表或者外在状态看出来的烦恼。同时，即便拥有相同的烦恼，有的人看起来很幸福，有的人却表现得很痛苦。

两者的区别在于，是让自己陷入问题的黑暗漩涡中，深信自己无法摆脱困境，还是认为问题只是人生的一部分，采取勇敢面对、解决问题的态度。

要明白不是自己身处问题之中，而是在有梦想、希望与自由的自我世界的某一处出现了一个问题。如果能好好审视自己和问题的关系，就一定能理出解决问题的头绪。

越是处于痛苦的状况中，跟他人讲话时就越要好好地看着对方的眼睛。走路的时候，不要盯着脚下，有气无力地走，要挺直腰杆，阔步向前。

我之所以告诉大家越是内心疲惫的时候越要调整姿态，是因为我认为必须让自己和问题之间保持一定的距离。

挺直腰杆，抬起头来，就能找到解决问题的方法。

——你所面临的问题只是你人生中很小的一部分。

拿到1亿日元赔偿金也无法获得幸福

“我想要1亿日元的赔偿金。”

“我要让那个出去拈花惹草，为了别的女人离开我的男人赔偿我，让他痛苦一辈子。”

对于这些肆意发泄怨恨的咨询者，我有时会问她们：“对你来说胜诉意味着什么呢？我可以帮你获得幸福，但我不想只是帮你去报复那些曾经伤害过你的人。”

我认为，家庭和人际关系方面的法律并不是为了审判谁而存在的。而且，律师也不是为了战胜对手而战斗，而是在于帮助委托人获得幸福，至少我是抱着这样的心态站在法庭上的。

我想到了以前负责的一起离婚案件。

我是丈夫这边的代理人。那位丈夫很想尽快离婚，因为妻子对他非常不信任，常把“我已经信不过我老公了”这句话挂在嘴边。

调解中，我们提出一年内付清赔偿金，支付完后提交离婚申请，但妻子却坚决不肯点头。我方再三保证一定会对该付的费用负责，但对方的态度完全没有松动。最后双方意见无法达成统一，法官也束手无策。

如果不就此结束，离婚就无法生效，继续打官司的话，双方的痛苦可能还会持续几年。

于是我请求法官：“我能跟这位太太单独谈谈吗？”之后，我获准了 30 分钟的谈话时间，得以和这位妻子在法庭的一个小房间内进行了沟通。

我们基本上都在闲聊，而没有谈关于离婚的话题。聊着聊着，她的表情渐渐变得柔和起来。

聊天结束后，她说“我相信这位律师”，然后在离婚申请书上盖了章。她将申请书交由我保管，这份申请书会在赔偿金支付完成后提交。

当我们带着诚意和信任与对方交流的时候，对方心中也会产生诚意和信任。

当我们不以法律来压制对方，而是以诚意和信任为基础与对方沟通时，事情就会朝着有望顺利解决的方向发展。说到底，法律只是一个工具、一个基准，用来解开缠绕纠结的线，让彼此获得幸福。

曾经有一位出轨离家的外国丈夫来找我咨询。他和妻子育有两个孩子，他的妻子和情人都是日本人。

他直视着我的眼睛说："如果爱情消失了，我们应该离婚。"

那个年代离婚还是比较罕见的事。在日本，很多夫妻之间无论发生了什么事，都会选择忍耐，不会离婚。因此，他这句话让我觉得很新鲜。

当然，从法律的角度来看，他所做的是坏事。在公众看来，他可能也是一位糟糕的丈夫，但他说："我实在无法和现在的妻子相处，但是，我会尽可能多地准备赔偿金。我认为孩子们有继承两种文化的义务，所以我想获得亲权[1]，承担责任。"从这番话中，我可以感受到他的坦率和责任感。

他妻子也同意他的说法。之后，他们的孩子们轮流跟父母住，在双方的爱里长大。

如果他的妻子坚称他是过错方，希望用法律来惩罚丈夫，调解可能会拖得很久，甚至发展到由法院审判的地步。这样一来，他们的孩子们在成长过程中可能就会面临一段时间内父母有一方缺席的状况。

我对作为对立方的这位妻子表示由衷的感谢和敬意，这件事也就此落幕。

人际关系遇到问题时，人总是主张自己的正确性，想要战胜对方，但就算战胜了对方又如何呢？也许会有

[1] 即父母管理权，父母监管、教育子女的权利。——译者注

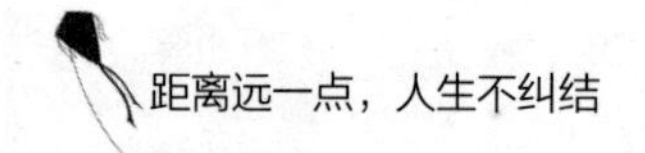

一时的快感，但惩罚对方后的空虚感却会长久地留在心中。

我希望大家不要想着打败对手，而是要解开心结，做出让自己幸福的选择。

此外，因为执着于胜负而失去人生东山再起的时机，这样的事情也不少见。

在某个离婚案件中，妻子说："我没办法原谅出轨的丈夫。"她丈夫想和另外的女人结婚，对她说："我会尽最大的努力给你800万日元的赔偿金，希望你同意离婚。"

离婚调解中，财产分配情况大致是可以预测的。赔偿金一般是300万日元，最多也就500万日元，很少会超过这个数目。

当然，这种时候我会极力劝我的委托人和解，但那位妻子出于对丈夫的报复心，坚决不肯让步，坚持"如果不给1000万日元的赔偿金就不离婚"。最后，调解以失败告终。

结果，这位丈夫的情人，也就是那位年轻单身女性表示“不能再等了”，然后离开了他，转头和另一位单身男性结婚了。这样一来，不再迫切想离婚的丈夫提出“不再支付赔偿金”，协商就此陷入僵局。

妻子只是想惩罚丈夫，并不想和丈夫重归于好。结果，既没有拿到赔偿金，也没能离婚，事情就这样拖着。如果那时候离婚了，也许她就能快乐地开始新的生活了。

因为执着于胜负、自尊心或者金钱而错失良机，放眼整个人生来看，这样做实在是得不偿失。

很多时候，一旦错失机会便很难重整旗鼓。只要我们的心被“想打败对方”“想让对方痛苦”等想法困住，就永远无法获得内心的平静。

战胜对方的快感，会变成惩罚对方后的空虚感。

——这种情况下你还会变得幸福吗？

不要把生命浪费在争输赢上

神色凝重地控诉“我受够了丈夫的精神暴力”的人，亢奋地表示“要报复”悔婚对象的人，面对丈夫出轨怒不可遏地表示“我想杀了他”的人，交通事故中成为受害者或者加害者的人，刑事案件中被告的家人……

虽然他们痛苦和烦恼的内容各不相同，但身陷漩涡中的每个人都认为自己是世上最不幸的人，且都挣扎着想要摆脱泥沼。

有时，我觉得律师事务所既像这些心怀烦恼的人们的“情绪垃圾桶”，又像心理疾病诊疗室。

人只要活着就会有大大小小的烦恼，而争输赢不仅会使人疲惫、腐蚀心灵，还会消耗宝贵的时间。

长年执着于争输赢，蓦然回首，才发现自己已经消磨了大把光阴，一时不知如何是好，这样的事情不在少数。即使不是这样，要让疲惫的心重新振作起来也需要时间，所以一直争输赢只会浪费生命。

要说解决问题的关键，那就是以和解为前提展开对话。

特别是从我的经验来看，离婚问题最长也应该在一年之内解决。时间拖得越久，重新振作起来也就越晚，而且可能还会失去重新振作的力量。

另外，就算打官司，甚至上诉到最高法院，一般来说，最终结果都不会比有经验的律师一开始预判的结果更好。

除了离婚，其他问题同样如此。如果老想着争输赢的话，内心便会疲惫不堪，就像淤塞的水不久就会发臭一样。要知道，任何问题都有解决的最佳期限。

不妨将涌上心头的情绪暂时放在一边，选择和解才是向前看的方式。虽然和解很难让人接受，但唯有积极这样去做，人才会前进，之后对人生的看法也才会发生改变。

不要把内心纠结缠绕的线拉得更紧，然后再把它剪断，而要轻轻地解开线团。这种以“和”为贵的解决之道，才会最终通往幸福。

选择以“和”为贵的人一定会走向幸福。

——你也会因为争输赢而浪费宝贵的生命吗？

『说出来』才能与问题保持适当的距离

对于抛弃自己另娶新欢的丈夫，女人嫉妒得发疯。她化身厉鬼，想要诅咒并杀死丈夫和他的现任。

这是能剧《铁轮》所讲的故事。说起变成厉鬼的“桥姬”[㊀]，她脸上怨恨和愤怒的感情表露无遗，模样着实可怕。

来我律师事务所找我咨询的人也有各自不同的烦恼，其中有些人充满愤怒和嫉妒的样子让我不禁想到“桥姬”的脸。

㊀ 能剧《铁轮》中的人物，因嫉妒而变为鬼女的人。面为红色，眼球周围的颜色是深红色。咧嘴瞪眼，狰狞可怕。——译者注

比如，某位被丈夫背叛后被迫离婚的女性，她最痛苦时候的表情就跟“桥姬”的鬼面一样。她的眼睛里充满血色，脑子里想的全是如何惩治对方。

她积攒了很多无法克制的思绪和眼泪，一坐下就泪流不止，我完全能体会她的苦楚。她一边流泪一边诉说被信任的丈夫背叛的愤怒和痛苦，看着她的样子，我心里也很难受。

那些在心中压抑已久的字句从口中喷涌而出，她再将这些溢出的字句拾掇起来，用语言表达出来，在这个过程中慢慢找回了自我。最后，这位妻子的神情柔和了许多，和之前判若两人。此刻，我感觉她表情舒展，脸上也更有神采，仿佛有光照在上面。

我情不自禁地说出了“哎呀，你是个白皙的美人啊，你的脸真好看”这样失礼的话。

日语的“说话”和“离开”这两个词发音相同。

日语里面有很多同音异义词，我认为这些词是密切相关的。把内心积攒的苦闷和愤怒诉诸语言，向他人倾诉，这样做有治愈心灵的效果。好像只要这么做就能远离痛苦，从中解脱出来。

想必大家都有过这样的经历：遇到烦恼的时候自己毫无头绪，似乎走进了一条没有退路的死胡同。但是，只要找人商量，就会想出好几个解决方案，让人感觉只要马上付诸实践就能解决问题。

日语中有“离见之见”的说法。

这是世阿弥在能乐理论书《花镜》中所说的话，指的是表演者离开自己的身体，保持客观的视角，从各个方向观察自己表演的意识。

来找我咨询的人几乎都是在离婚、继承等人生大事上遇到问题的人。

很多人来的时候都嘟囔着“前路一片漆黑”，回去的时候却可以笑着说“松了一口气，来这里真好，我觉得我的问题可以解决了”。

我想，与其说这是法律或者我个人的力量，不如说是咨询者自身获得了“离见之见”，视野变开阔了。

人在独自面对问题、陷入沉思或者心怀痛苦的时候，视野会非常狭窄。通过法律知识和第三方的眼光，方能较为客观地看待自己的问题。这样一来，就能改变看待问题的方式，找出解决之道。

正所谓，“说出”问题，就是让自己“离开”问题，和问题保持一定的距离，也就是“放手”[㊀]。

如果能和问题保持一定的距离，对待问题的心态也会发生改变。心态变了，对待问题的方式也会改变。自然地，现实情况也会随之改变。

我通常会告诉前来咨询的人：“既然你来找了律师，就一定可以解决问题。”

与其说这是在鼓励他们，不如说是我从迄今为止的1万多起咨询案例中明白了：如果能和问题保持适当的距离，就一定能找到解决问题的切入口。

㊀ 日语中，“说出”（話す）、“离开”（離す）与“放手”（放す）三个词发音相同，均为“はなす”。——译者注

看待问题的态度决定了我们解决问题的方式。

——把心中的苦闷说出来，就是与它保持一定的距离。

试着说出那些说不出口的话

“说出”问题就是“离开”问题，也就是“放手”。

把自己心里的苦闷说出来，可以暂时逃离自我，找到去处，找到解决问题的出口。话虽如此，但也有很多人在问题彻底解决之前，就能先一步意识到“什么啊，这问题也不过如此嘛！”

在还没有育儿男（积极育儿的男性）和家务男（主动做家务的男性）等概念的时代，当被问到旅行中最开心的事是什么时，几乎所有的家庭主妇都会回答“坐等饭菜上桌”和“不用做家务”。

只需要坐着等着服务员把饭菜端上来，这样是最棒的。不用去想要做什么菜，用完餐后也不用收拾。

话虽这样说，但当时大部分女性在晚饭时间都会匆匆忙忙地赶回家，很多人甚至连同学聚会也不参加。出门旅行也是个苦差事，要把自己不在家这段时间家人要吃的食物做好放进冰箱，有些人还会为家人准备好这期间要换洗的衣物。

曾经有一位妻子，她与丈夫结婚30年都没有什么个人的兴趣爱好，晚上也尽量不出门，一心要求自己做个贤妻。直到有一次朋友对她说："你都结婚30年了，还是个得过且过的家庭主妇。"她这才恍然大悟，之前一直压抑、忍耐着的自我意识也渐渐涌上心头。

于是她问丈夫："我可以去过夜旅行吗？"据她说丈夫当时非常惊讶。不过也能理解，因为丈夫一定认为自己的妻子是一个讨厌人群、懒得出门、不喜欢旅行的人。

"好啊，当然可以。"

本以为丈夫会反对，没想到他却笑着答应了，这让

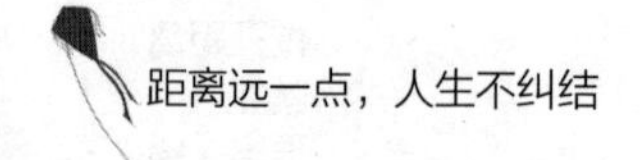

妻子颇感意外。

之后，妻子在朋友的邀请下加入了卡拉 OK 教室，变得开朗快乐，恢复了结婚前的社交能力。而丈夫一边开心地看着这样的妻子，一边沉迷于自己的兴趣爱好，享受着一个人的自由时光。

如今，日本的很多丈夫也开始参与到家务中来。但无论是双职工家庭还是妻子在家全职育儿的家庭，想要包揽一切，甚至照顾丈夫的女性都不在少数。

究其根源，在于“女性的职责”这一概念，或者“不这样做就不会被爱”的想法。但是，如果真的有“被迫去做”的感觉或者“想做别的事情”“不想做”等想法，不妨大胆直说，也许会有意想不到的收获。

很多时候，当你试着说出来时，对方才会理解你的想法，知道“原来是这样的啊”。

在心里默默地积攒负面的想法，这样是不会有好事发生的。

说到做家务，最近听到的一种说法是，男性原本就乐意为女性付出行动。所以，妻子不妨大胆地把事情交给丈夫，对丈夫做得不好的部分睁一只眼闭一只眼，并对他的行为表示由衷的感谢。这样的话，妻子看起来很开心，丈夫就会觉得“是我让她这么开心的”，从而感觉到自己的重要性，存在感会得到极大的满足。

老实讲，我听到上述说法也不太能理解。但我想可能是因为世代不同，人的想法也不同了吧。不过，我们家以前发生过这么一件事：

有一次，先生很难得地走进厨房，对我说：“我来做三角饭团吧。”结果他捏得太紧导致饭团太硬。我忍不住说了一句“啊，好硬啊”。自那之后，先生再也没有进过厨房。

我想，要是那时候我能带着儿子和女儿一起称赞先生做的饭团，他多少也会有成为“家务男”的潜质吧，为此我感到有些遗憾。

如果你现在一个人承担家务，还要忙于育儿和照顾

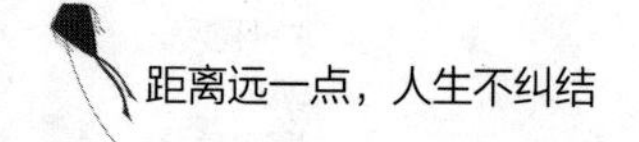

家人，背负着所有重担，感觉很痛苦，这可能就是你需要“说出那些说不出口的话”的信号。

第一步可以从“能帮我拿吗”“明天我的时间不太合适”等比较好开口的、简单的事情开始。从日常小事中渐渐获得“啊，说出来也没关系”的安心感。

鼓起勇气说出想说的话，就会发现一个前所未见的新世界。

——不要把想法藏在心里。

距离远一点

人生不纠结

02

保持距离才能变得温柔

距离远一点，人生不纠结

理直气壮时，讲话最好稍加克制

你知道诗人吉野弘[㊀]先生的《祝婚歌》吗？

诗中讲述了夫妻和谐相处的秘诀，被认为是生活的指南。同时，它也是我非常珍爱的一首诗，其中我最喜欢的一段是：

“理直气壮时

讲话最好稍加克制

㊀ 1926年生。著有《感伤之旅》（获读卖文学奖）、《自然界的塞车》（获诗歌文学馆奖）等诗集。1992年，为日本第47届国民运动大会会歌作词。——译者注

理直气壮时

最好意识到说出口的话容易伤人”

来找我进行法律咨询的人中，有人认为只要请教律师，就能以法律为基础明确区分“正确的事”和“不正确的事”，也就能判断胜负了。然而，在人际关系的纠葛中，一味地追求正确并不能解决问题。

之所以这样说，是因为所谓的正确因人而异。而人心中的真实，是用这个所谓的正确来衡量的，因此每个人对真实的看法也不尽相同。

比如，有一位丈夫对妻子隐瞒了自己单身时攒下的钱。从法律上来讲，单身时期的财产属于个人，所以他这样做没有任何问题。但是，他的妻子表示：“我不能原谅他隐瞒了我，我感觉自己不被信任。”显然，在这位妻子看来，他做了不正确的事。

另外，就算明确自己是对的，对方是错的，谴责对方也不能解决任何问题。

人看待事物的方式千差万别。我认为，无论是夫妻之间，还是父母与孩子之间，只要记住这一点，人际关系就会变得更融洽。

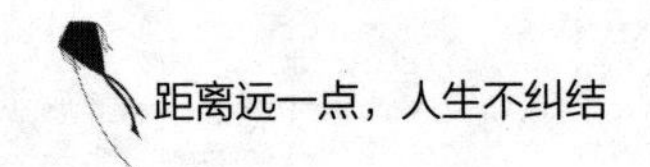

一味地追求正确，有时会让我们离解决问题的方法越来越远。

——“正确”才容易伤害他人。

不要进入彼此的『厨房深处』

在我看来，无论是夫妻关系还是朋友关系，都有必须尊重的边界。

如果越过边界进入对方的领域，很多时候就会发生纠纷，双方关系也会因此变得不和谐。

这种时候，我通常会告诫大家不要进入彼此的“厨房深处”。

我们可以从厨房、浴室等用水区域窥见生活的另一面。尤其是厨房的使用方式，体现了一个人的性格以及成长家庭的家庭文化。

例如，婆婆对媳妇不洗锅底感到很生气，媳妇却觉得锅底可以不洗。在这种情况下，婆婆认为“擦得亮亮的看着很干净，心情也舒畅”，而媳妇则认为“锅底什么的不洗也没关系”，两者之间就会出现不和谐的声音。

双方都认为自己的做法是正确的，而不喜欢对方的做法。她们从一开始就主张自己的正确性，并想方设法让对方按照自己的想法去做，没有比这个更没意义的争执了。

所谓的常识和正确并没有统一的标准，它会随着年龄和成长环境的变化而变化。所谓的正确只是对于某个人而言正确的事，也就是每个人各自的价值观。一味地主张自己的正确性，试图改变对方的想法和行为，当然就会引起争执。

这种时候，只要试着理解对方，“啊，这个人是要洗（不洗）锅底的人啊”，情况就会完全不同。

“她就是这样的人，我自己洗锅的时候洗锅底就好了。”“她洗了我不洗的锅底，我就真诚地感谢她吧。”别人是别人，自己是自己。保持这种距离感会改变我们看问题的角度。

这样做之后，发生了不可思议的事情。

当事人原本认为这是人生大事，现在才意识到其实它只是很小的问题，“咦？我为什么要那么在意锅底呢？”甚至会产生“那我也把锅底洗了吧”这种向对方靠拢的心情。

当自己的想法和价值观被否定的时候，人很难用柔和的态度来思考问题。正因如此，与他人保持恰当的距离才格外重要。以前有句话叫“一个厨房里容不下两个女人”，我想我明白了其中的缘由。

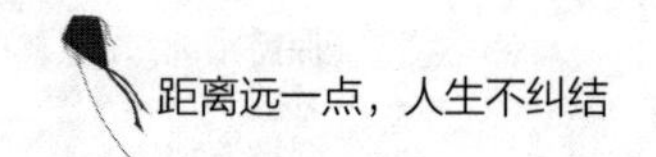

再亲密也要保持适当的距离。这种距离会让彼此关系更和谐。

——你是否也曾擅自挑战过他人的价值观呢?

儿孙自有儿孙福

“怪兽父母”“寄生虫”等词曾一度流行，以自我为中心、将自己不合理的要求强加于孩子的父母以及父母不在时就无法自己做决定的孩子，我感觉现在这样的亲子关系越来越多。

以前，很多母亲都是一个接一个地生孩子、养孩子，她们没办法把精力放在一个孩子身上。孩子们在身体上长大成人的同时，精神上也会长大成人。他们离开父母成为独立的个体，与此同时父母也会对孩子放手。

现在，家庭平均育儿数减少，父母把家里的两三个孩子视为掌上明珠。在少子化和老龄化愈发严重的今天，父母对孩子更是照顾得无微不至，完全依赖父母的孩子和离不开孩子的父母日益增多。

在离婚咨询中也时不时会看到父母的身影，在越来越多的场合下，父母想要决定孩子的人生。当然，在离婚等人生大事上，如果有亲人帮你一把，和你一起共渡难关，那是值得感激的。但他们却总是像对待小学生一样保护着孩子，让孩子失去了很多独立成长的空间。

曾经有一位家长来找我咨询孩子的离婚事宜，她说："我把女儿培养得很完美，我女儿不可能有错。"然后，转头对女儿说："你只要照我说的去做就好了。"面对此情此景，我一时无言以对。等这位母亲说完，我才下定决心对她的女儿说：

"你自己也要好好想一想离婚的原因是什么，如果对方跟你个性不合，不管你怎么按照你妈妈说的话去做也是没用的。"

听罢，这位女儿一脸恍然大悟的表情，说了句"我会想想的"就回去了，见状我心里也松了一口气。

在父母眼里，孩子永远是孩子。我也有女儿和儿子，所以我很能理解他们的心情。但是，对社会来说，过了 20 岁的孩子就是大人了，他们必须承担起自己在社会上的责任。

当然，在面对疾病等情况时，父母为孩子提供支持或者孩子照顾父母的晚年生活，双方互相帮助、互相体谅，这是非常重要的。

但是，孩子的人生属于他们自己，对于年轻夫妻之间的事，身为父母也应该保持距离。

无论是亲子关系还是夫妻关系，都要把彼此当作一个成年人来对待。我认为这是当今时代不可或缺的家庭准则。

即使是自己的孩子，他们的人生也属于他们自己。

——父母和孩子都要把彼此当作独立的个体来看待。

为某人而流的眼泪会让你内心成长

孩子小时候是很可爱的，让人感到光是有这个孩子就很幸福，回忆也都是快乐的。但是，孩子长大后未必能满足父母的期待。

逃学的女儿实施家暴的儿子，十几岁就怀孕生子的女儿，高中、大学、结婚一路都很顺利但却经历离婚的女儿，就业失败导致神经衰弱的儿子……他们的父母该有多辛苦啊。

“我儿子一直到上初中都还是班上的前两名，是个温柔的孩子。但中考之后性格就变了，开始跟一些坏朋

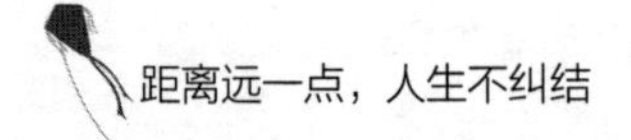

友一起玩。我丈夫骂了他一次，他就离家出走再也没回来。听他的朋友说，他好像加入了暴力团体。”

“我本来以为我把女儿培养得很完美，但是她却离婚了，我的教育出了问题。”

听到这些父母诉说各自的烦恼，我除了感受到他们对孩子深深的爱，与之成正比的还有他们的后悔和自责。

就拿我来说吧，从25岁到30多岁备考司法考试期间，每天都非常忙碌。在这种情况下还得照顾孩子，可以说是非常辛苦的。在周围人的帮助下，我总算撑过来了。但要说我是不是满分妈妈，答案一定是否定的。我有很多遗憾，时常觉得要是多给孩子一些关心就好了。

不过，过去是无法挽回的，当时的我已经竭尽全力在养育孩子了。

如今，孩子们都已经长大成人了。某天我在整理壁橱的时候看到他们小时候用过的椅子，粉色和蓝色的两把木椅已经褪色，金属配件也生锈了。

“已经不用了，扔了吧。”

“行吧。”

于是，我和先生一人拎着一把椅子，走到垃圾场，轻轻地放在那些被扔掉的坏家具上。

回家的路上，我便萌生了悔意。

小时候，孩子们总是坐在当时质量还很好的小椅子上吃饭。虽然现在他们已经长大了，但那时候他们可爱的模样和当时的记忆都留在那两把椅子上。

我一边想着如果椅子丢了该怎么办，一边独自沿着黑暗的道路跑到垃圾场。到那儿一看，两把椅子并排着，好像在看着我一样，我想它们或许是在等我吧。

过去我还不成熟，为眼前的工作和育儿忙得焦头烂额。虽然没有把孩子们照顾得非常周到，但他们依然以笑容和成长来回应我，这些记忆就刻画在这两把椅子上。

看到孩子们小时候的照片和充满回忆的物件，想起当时的场景，感受着和孩子共同度过的时光，心情也会稍微平静下来。

有句话是这么说的："孩子在成长的过程中，会给父母带来超过一百件幸福与喜悦的事。但父母也会因为孩子的事情受伤，流下一百滴眼泪。"在为孩子辛苦操劳的过程中，父母会有所成长，对待他人也会变得更温柔。

这样一想，让身为父母的我们成长的，不是自己的父母，也不是自己的老师，而是我们的下一代。

孩子不可能按照父母的期待成长，越是对孩子抱有过度期待的时候，越要扪心自问，自己有没有资格责备孩子。

都说孩子是看着父母的背影长大的，的确如此。孩子虽然不会听父母"说的话"，但他们会模仿父母"做的事"。

孩子不会完全符合父母的期待，但为孩子流下的眼泪会让孩子和父母都获得成长。

——孩子不会完全听父母的话，但他们会模仿父母的样子。

不要传播流言蜚语

以前，亲朋好友聚在一起总会玩传话游戏。其实，游戏中的场景在现实生活中也时有发生。

朋友跟我说：“听说了吗？K终于离婚了！”我问她是谁说的，她说“是A说的”。我继续追问：“那A又是听谁说的呢？”她回答得很含糊：“大概是B吧。”

其实那位K女士跟我关系很好，我很清楚他们夫妻关系十分和谐。而且我一周前才见过她，知道她并没有离婚。她是一位非常漂亮、工作也很能干的女性，经常出差。

可以想象，可能有人说过“有一个经常外出的老婆，老公真可怜”之类的话，传着传着就变成了“如果是我的话就离婚了”“他们好像离婚了”等谣言。

类似的事情也曾发生在我的身上。有一次我听说“C家的奶奶去世了”，便急忙拿着念珠和奠仪前去吊唁，结果老奶奶本人出来迎接我，吓了我一大跳。原来去世的是老奶奶疼爱的猫咪。可见，没有比流言蜚语更离谱的东西了。

正因为有这样的情况，所以在刑事审判中，如果证人的证词是转述从他人那里听到的内容，就叫作“传闻证据”，原则上很难被采信。

在日常生活中，也常会在传话过程中出现对某件事的认知偏差，如果不是听错或者说错，而是传话人恶意为之的话，那么当事人也可能在无形中被当作没有事实依据就乱说话的坏人。

因此，对于从别人那里听到的话，只要当耳旁风就好了。

说到底，与他人交流时，我希望大家在意的是对方说了他自己的什么事情，而不是他说的关于别人的什么话。

我的孩子小时候，我送他们去赤坂幼儿园。如今，他们已经从幼儿园毕业几十年了，我和幼儿园的其他妈妈们仍然保持每年两次左右的联系频率。某次聚会前，我向其他妈妈提议："现在我们不聊孩子，聊聊自己的事吧。"我定了一个规矩，不能炫耀自己的丈夫和孩子，也不能说别人怎么了，只能说自己的事。

与其听别人的八卦，不如把这个精力放在自己身上，关注自己此刻在做什么、感受到了什么。

能一起分享喜悦、还能互相安慰的地方是我们的容身之处，它不应该成为流言蜚语的传播地。

我们的容身之处，就是那个能够接纳我们聊自身故事的地方。

——你是否有可以谈论自身故事的容身之处呢？

不要以『帮忙』的名义剥夺他人的职责

有人说“带孙子的祖父母会很精神，很有活力”。实际上，我身边就有很多这样的女性，看着她们享受天伦之乐我也很开心。

但是，也有为了照顾孙辈而受苦受累的祖父母。随着下一代晚婚趋势日益加剧，很多有孙辈的人都已经六七十岁了。在市区，幼儿园难民[㊀]也在增加。正值事业上升期的子女当然想要依靠父母的帮助，但老一辈要照

㊀ 在日本，孩子上幼儿园需要由监护人向幼儿园提出申请，且部分地区落选率较高。这些落选的孩子进不了幼儿园，被称为幼儿园难民。——译者注

顾精力充沛的孙子孙女，体力着实有些吃不消。另外，对老人来说，比起养育自己的孩子，照顾孙辈需要承担更重的责任。

尽管靠养老金生活的长辈并不宽裕，但带孩子期间吃饭和外出的费用全部由老人承担的情况却非常普遍。

其中也会有祖父母感叹“完全没有自己的时间”，但即便如此也要尽力带好孩子，这完全是因为孙子孙女的可爱以及儿女的需要。

能够充分享受带孙乐趣的长辈有一个共同点，就是他们没有在忍耐，也没有勉强自己。每个人的承受能力都有限，如果觉得自己到了体力的极限，或者因为有其他兴趣爱好而无法享受带孩子的乐趣，那么解决办法只有一个——试着把这个想法坦诚地告诉子女。

就算对方是自己的孩子，迈出第一步也会有困难，但即便如此，也请试着把自己的想法说出来。

只是，直接说“我需要减少带孩子的时间”会让子女不开心，不如试着跟子女说“我上了年纪，最近很累”，像这样把实际的难处告诉对方。

或者，一个月一次，选择一个周末试着跟子女讲“我每个月有一天不带孩子”，这样人生会有更多乐趣，自己也能稍微放松一下。

可能会有人觉得“如果我做那样的事，会让孩子失望”，但结果如何只有试过才知道。其实子女也常会一厢情愿地认为：“妈妈生活的意义就是照顾孙子，在孙子还小的时候尽量让他们多相处吧。”

不管是亲人之间还是和其他人之间，帮忙都要在自己能承受的范围内，也就是在有余力的情况下进行。经济援助也是如此，如果因为孩子有困难，就不惜拿出自己的养老金资助孩子，那不仅父母自己的生活和心情会受到影响，孩子也会失去自立和试错的机会。

面对他人时“我必须为他做点什么”的想法，有时会让对方产生依赖。大人的职责就是自己的事情自己做，这已经是最低限度的要求了。在做不到的事情上互相帮助固然重要，但不抢走对方的角色、不剥夺对方的职责也同样重要。

被需要是值得高兴的事。但是，不必忍耐，也不必勉强自己。

——我决定把自己看得比谁都重要。

试着停止自己的小忍耐

过司法考试后不久，1955 年 7 月 20 日，我跟先生结婚了。后来先生成了大学教授，但他当时还只是研究生，身上没什么钱，所以我们用结婚戒指代替了彩礼。

除了练习或表演能乐，我几乎从未摘下过戒指。不过，在我们结婚第 44 年的时候戒指丢了。总是戴在手上的东西没有了，就好像身体的某个部分缺失了一样，我心里空落落的，依依不舍地摩挲着左手的无名指。先生见状对我说“下次再买给你”，我一下就好了。

1999 年，丈夫迎来喜寿（77 岁），他在大学的学生们准备为他祝寿。我跟筹办者说："我希望到时候先生能第二次为我戴上结婚戒指。"

当天，先生身穿银灰色西装，我则穿着轻柔的长裙出席。30多名熟悉的学生从日本各地赶来，他们上学时常来我家拜访，大家一起吃饭喝酒。不可思议的是，大家聚在一起，就立刻变回了学生时的模样，先生看起来也年轻了些。

宴席进行到一半时，举行了先生为我戴结婚戒指的仪式。由于学生中有人成了牧师，所以在他的见证下，先生要当场对我许下永恒的爱的誓言。我装作要亲吻先生的样子，这让性格认真的他十分害羞，这样的场面在会场瞬间引发了哄堂大笑，大家都仿佛回到了久违的青春时代。

有些来咨询离婚事宜的女性会跟我说，面对丈夫的工作和人际关系是很痛苦的事，但我认为一起生活的人有必要为分享彼此的喜悦与人际关系而努力。不要有抗拒心理，试着跟丈夫一起享受他的世界。这样不仅能看到一个不一样的世界，也能看到不曾见过的丈夫美好的一面。

话虽如此，但如果你不愿意付出这种努力，或者认为对方不值得自己努力，那还是早点离婚比较好。因为我看过很多婚姻长跑多年后离婚的案例，深切体会到了忍耐的结果是不会幸福的。

如果能把丈夫、妻子、孩子的经历当作自己的经历，共享对方感受到的喜悦、感动、辛苦和委屈，就能真正做到“快乐加倍，悲伤减半”。

但是，如果无论如何都做不到这一点的话，也不必胆怯，勇敢选择分开，重新开始自己的生活吧。

别人是别人，自己是自己。要尊重彼此的人生，保持适当的距离。最重要的是，我希望大家都能强烈地意识到，自己的人生要由自己掌控。

忍耐之后是下一次忍耐。

——你是否觉得只要忍耐就可以了？

问题不在于对方『有没有』优点，而在于你是否『看到』

我做了大概 1 万起离婚咨询后的一个切实感受是，很多时候两个人结婚和离婚是因为同样的理由。

比如，女性和“能够引领我、有决断力的男人”结婚后，懊悔地说“他太强势、太顽固了，我没有任何权力”；或者和“带我去想去的地方，送我浪漫礼物的男人”结婚后，才发现对方“不仅花钱大手大脚，而且还很花心”。

很多来访者会说“结婚后那个人就变了”，其实不是对方变了，而是他原本就是那样的性格，只是你一开始把那些都当作他的魅力罢了。

优点也好，缺点也罢，都是让一个人之所以成为这个人的特征。刚认识时或被对方迷住的时候，会把他的特征视作优点。但是，结婚后一起生活就会发现，那是一个缺点。

正因为如此，当你为夫妻关系不和睦而感到烦恼的时候，试着发掘丈夫的优点是很重要的，哪怕用“排除法”也可以。

我有时会问前来咨询离婚的女性：“以下九项中，你丈夫符合哪几项？”

1. 不工作

2. 不出生活费

3. 家庭暴力

4. 讲话粗暴

5. 酗酒

6. 出轨

7．有负债

8．不参与育儿

9．不做家务

这些是我迄今为止最常从妻子们口中听到的九个离婚理由。虽然其中有一些是一旦出现就最好离婚的理由，但很多妻子回答完这个问题后，会因为“我丈夫符合其中三项，其余的不符合”而意识到丈夫的优点。

从过去到现在，女性最讨厌的男性代表就是酗酒和暴力的人。过去，我们的社会以男性为中心，那时候很多人会说“这些是可以忍耐的”“女人话多了不好”等。

但如今已经不是那样的时代了，当今社会，女性不再忍气吞声，勇敢地选择离婚并不是坏事。即便如此，在决绝地离开对方之前，还是要站在客观的角度，试着把目光投向对方的优点，这样有些离婚是可以避免的。

以前，有一位妻子因为无法忍受丈夫的暴力而多次回娘家。有一次，脸被打肿的她来找我咨询离婚事宜。

当我告诉她“如果协商不成，只能申请离婚”时，她回答说“我会考虑的”，然后就回去了。当时，我问了她前面提到的九个理由。

之后大概过了两年，他们夫妻一起来找我，两人幸福地微笑着。

“我先生戒了酒，完全变成了一个好人。”妻子这么说着，旁边站着满脸笑容的丈夫。

“那个时候，您问我那个问题，我在3、4、5上画了圈。您说‘那说明他还有六个优点呢’，当时我内心是很反感的。”妻子有些不好意思地说。

我笑着问她：“你是不是觉得没有人理解你的痛苦？”听我这么说，这位妻子也笑了，说：“对，我那时觉得自己是世界上最不幸的人。”此时她的笑容是那样的灿烂美丽。

另一方面，丈夫得知妻子来找律师咨询后，才惊觉妻子是认真在考虑离婚，从而进行了深刻的自我反省。在他发誓戒酒，并完全改正自己的错误后，夫妻间又恢复了平静的日常生活。

如果过去只看到对方不好的地方，不妨把视野打开，很多时候就能笑着和解了。

这不局限于离婚问题，人生中的所有一切皆是如此。

只盯着某一处看，就无法看到旁边盛开的花。

——你是否也曾无意中戴着“只能看到缺点的眼镜”看人呢？

真实的想法体现在行动上

夫妻身陷逆境时，最需要的就是对方的帮助。如果两个人之间爱情早已烟消云散，仅靠金钱维系着关系，那当生活碰壁的瞬间，家庭就会支离破碎。

就以某位在肉铺工作的男性为例吧。他妻子对工作始终不稳定且收入微薄的丈夫感到厌倦，离开了他。他当时尽全力支付给妻子很大一笔抚养费后两人正式离婚了。之后，他和现在的妻子再婚。但因为工作的店铺倒闭，他又换了两次工作。现任妻子相信勤劳、努力工作的丈夫一定会得到回报，从不曾抱怨过一句。

妻子的支持是他最大的动力，不久他就找到了一份稳定的工作，在深爱的妻子和孩子的陪伴下，拥有了一个幸福的家庭。

“前妻不愿意和我同甘共苦。现在的妻子不管是在我困难的时候还是顺利的时候，都一如既往地爱着我，相信我，为我操碎了心。她不会发牢骚，也不会过多插手我的工作，为我创造了一个很好的环境，让我的生活节奏不至于被打乱。”

正是这对夫妇之间无条件的信任，才最大程度上提高了丈夫对工作和生活的积极性，这是引导他向好的方向发展的最大因素。

信任，不可以附加条件。

也有人明明不相信对方，却想用一句“我相信你”来改变对方。丈夫或妻子想要做某事的时候，如果另一半说“这样做是不会顺利的，不过我还是相信你，加油吧！”其实这就是不信任的表现。这只是表面上的“相信”，对方也能感知到它并非出于真心。

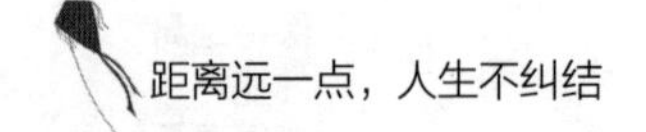

看了很多夫妻和家人之间的关系，我觉得，所谓信任，就是现在，活着的此时此刻，纯粹地信任自己以及身边的人，并善待他们。

另外，如果你无法相信他人，或是无法相信父母或另一半的爱，请试着观察对方的行动。

我进入帝国女子专业学校的第二年，也就是 1945 年（昭和二十年）4 月 19 日，由于东京山手的大空袭，位于小石川的校舍和宿舍都被炸毁了。我和从朝鲜以及中国来东京的朋友一起在朝鲜办了护照，我们花了十天时间辗转到了上海车站。在那里，我见到了前来接我的父亲。

我对父亲说："我回来了。"父亲听到后只是"嗯"了一声，然后转身往前走。看到女儿平安无事，他一定很开心。只是父亲是一个严肃且不善言表的人，但我能看到他的后背在微微颤动。我小跑着跟在父亲身后，感觉自东京空袭以来一直紧绷着的神经渐渐放松了下来。

人真实的内心，会体现在行动上。

对他人的珍视、支持以及“信任之心”，
能够助他人战胜逆境。

——只是嘴上说说是没用的。

意气用事的话语 终将成为最后的导火索

语言在激励他人、给予他人勇气的同时，也有可能成为斩断心与心之间联结的“语言之刃”。尤其是夫妻之间，语言变成“利刃”，直接成为离婚导火索的事例屡见不鲜。

“滚出去！我不想看到你的脸！”

“离婚吧！”

被丈夫这么说了几次之后，妻子真的开始考虑离家出走了。我代替前来咨询的妻子把她们写的信交给她们的丈夫，各位丈夫的反应各不相同。

有的丈夫会恳求妻子："我不是认真的，我想修复我们的关系，希望你能回来。"也有的丈夫依旧高高在上地说："孩子的监护权和财产我都不会给你，你接受的话就离婚。"这两位丈夫都对妻子说了"滚出去"，但他们没想到妻子会真的离开。

亲子关系也是如此。

"我不记得生过你这样的孩子。"

"当初要是没生你就好了。"

无论在怎样的情形下，这些话语都会成为"利刃"，刺破孩子的心灵。还可能会引发家庭暴力，导致亲子关系破裂。

有个词语叫"唇枪舌剑"，情绪化地接收对方说的话，自己也带着情绪回应对方，大多数关系就是在这个过程中破裂的。之所以这么说，是因为我们扔出去的"语言之刃"无异于一把凶器，毫无疑问会伤害到对方。

这些话语背后或许隐藏着"希望你理解我""希望

你重视我”的想法，但所谓“语言之刃”，就是将两根缠绕在一起的线斩断的“刀刃”，而被斩断的线很难再恢复原状。

“凡动刀的，必死在刀下。”出自《马太福音》第26章第52节。

这是耶稣基督的话。

不要忘记，为了试探或操纵他人而扔出去的“语言之刃”是一把双刃剑，在伤害对方的同时也会伤害自己。

无论是否出于本意，扔出去的“语言之刃”都会伤到对方。

——自己不想听到的话，也不要对别人说。

人是一种不说最真实的想法，而说次要想法的生物

和女性朋友一起喝茶的时候，她向我倾诉丈夫外遇的事情。我非常同情这位苦闷的朋友，开始跟她一起数落她丈夫，不料她却抱怨道："你根本不了解我们家的情况。"反过来，如果我试图对她说"你也稍微为你丈夫考虑一下吧"，她又会用很可怕的表情来向我证明她丈夫有多糟糕。想必大家都有过类似的经历吧。

这种时候，这位妻子的真心话是"我真心爱着我丈夫，希望他停止出轨"，所以她并不打算来找我做离婚咨询。

我长年从事离婚案件，经常遇到一些表面上完全看

不出夫妻关系是好是坏的案例。

有一对前来咨询的夫妻，丈夫是个英俊的男人，但他却一次一次地外遇后又抛弃对方，就这样出轨了好几位女性。最后，妻子终于对丈夫忍无可忍，提出“希望和他离婚”的要求。至于她丈夫，可能是因为看到了她提出的赔偿金额，眼珠子都快飞出来了，一直说“我绝对不离”。最终调解未能达成一致，案子进入审判阶段，就在快要做出判决的时候，丈夫突然来到妻子的娘家接她，于是妻子回到了丈夫的身边。

没错，妻子还爱着丈夫，她内心深处早就原谅了丈夫，离婚一事就此打住。姑且不论整件事我是不是白费功夫，我只记得那时自己还年轻，在帮助两人处理后续问题的同时，还发自内心地祝福他们。

我时常会想，人这种生物啊，总是不说最真实的想法，只说次要的想法。也许是因为一想到如果把最大的愿望、最大的想法说出来，万一被否定、不被接受的话，就害怕得不得了。

因此，有的人会从自己心里所想的，但不是最主要的想法开始一点点慢慢说，或者试图通过表达其他的要求来实现自己最大的愿望。所以，心里想着“我爱你，回来吧”的丈夫或妻子，说出口的话却变成了“如果你付1000万日元，我就离婚”“我绝不会把监护权给你”。

“我爱你，回来吧。”说不出这句话的女性，她们的样子对我有一种微妙的触动。虽然她们让人心生怜意，但如果自己不说真心话，对方就只能从他的角度来看问题。

最后的最后，当你终于把自己最真实的想法传达给对方的时候，也会意识到自己绕了很远的路吧。

果然，把自己的想法封闭起来没有任何好处。

说出真实想法是解决问题的第一步。

——都是成熟的大人了，兜什么圈子呢?

要知道制造牵绊的不是『血缘』而是『心』

因为我是法律专家，丈夫又会英语，所以有一段时间我们夫妻共同参与了国际领养手续的办理工作，这段经历让我更深入地思考生命的重量以及人与人之间的牵绊。

领养的委托人大多是无法生育的日裔美国人。孩子的生母有的是十几岁的少女，有的是被强暴后意外怀孕、错过了堕胎时机的女性。

领养文化很早就扎根于美国，来自那里的养父母们把这些等待领养的孩子当成自己的孩子，热情地来迎接他们。

有一件事更是让我深刻感受到了他们对领养的孩子那份浓浓的爱。

30多年前的某一天，一对养父母联系到我，跟我说：

“孩子一岁半了还不会走路，麻烦您跟医生确认一下孩子出生时的详细情况并告诉我。”

虽然这个孩子已经被领养一年多了，但我认为，如果是原本就身体不健康的孩子，可能会被对方解除领养关系。因为曾经有孩子被日本人领养后，因为无法按照自己的意愿养育孩子，养父母甚至提出诉讼要求解除领养关系。

按照美国的法律，领养关系是无法解除的。在这个案子中，如果养父母想解除领养关系的话，我不得不做些什么，于是我把自己的想法以及医生的陈述整理成书面资料，一并寄给了对方。

不料，养父母回信的内容却让我颇感意外。

上面写道：“这个孩子是我们的孩子，我们并不打算把他送回日本，只是想向孩子出生时的主治医生了解当时的详细状况，为今后的治疗提供参考。这些资料对我们非常有用，谢谢。”

回首过去，我参与的国际领养已经超过了50起。养父母们寄来的圣诞卡片上总是可以看到孩子们幸福的笑容。这让我明白了，能够让人与人之间产生牵绊的不仅仅是血缘关系。

内心的连结比血缘更紧密，它有时能拯救一个人。

——人与人之间不是靠“血缘”，而是靠“内心”连结在一起的。

距离远一点

人生不纠结

03

真诚地生活

距离远一点，人生不纠结

能够重新改写结局的『奖励时间』

几年前，我在自家楼梯上滑了一跤。当时并没有什么大碍，但几天后却腰痛得走不动路。虽然经过恢复治疗后好了很多，但坚持了50多年的能乐仕舞[一]还是不能再跳了。我懊恼自己的不小心，但也于事无补，这已经成了我的遗憾。

虽然我是一个不服输的人，但执着于做不到的事也并非我的性格。于是，我放弃了跳舞，决定坐在椅子上

[一] （能乐）简易舞蹈。精选能乐主要部分，由主角一人不戴面具、不化装、不用乐器伴奏，身着礼裙，仅以谣曲伴唱的舞蹈。——译者注

继续唱谣曲。

直到最近我才开始意识到，衰老并不完全意味着失去。一些过去能做到的事情现在做不到了，但与此同时也会有新的收获。

这种收获就是：虽然一直以来的自尊心和烦恼从未消失，但我已经不那么在意这些了，有一种愁雾渐渐散开的感觉，自己对待事物也变得稍稍宽容了一些。

多一件做不到的事，就要多一次寻求他人帮助。如果始终紧握着自尊心不放，认为所有事情都可以凭一己之力完成，那么就无法生存了。

不要纠结于做不到的事，去做自己能做的事并乐在其中——我在不知不觉间开始转换方向了。

过去那些一直烦恼着的事情，或认为是人生重大课题的事情，都不再是问题了，因为我已经无能为力。取而代之的是，我开始关注安稳过日子所需要做的事。

或许是对某个时刻的不坦诚做出补偿，或许是说出过去没能说出口的话，又或许是原谅过去无法原谅的事。对于那些纠缠不清的线和断开的线，我们可以放下执念，用纯粹的目光重新审视它们。

我平常就是个急性子，和人打电话时说完正事就会立马挂断。但是，如果挂完电话后想到“啊，我忘了说那个”，又会马上打电话给对方，补充说“不好意思，关于刚刚说的事……”这样的事情时有发生。

被人指出这个“坏习惯”后，我又再次思考了这个问题，觉得人生不就是如此吗？说得不充分的地方就补充一下，说错了就纠正，说得过头了就道歉，这样就好了。

这种感觉就像是自己重新改写结局一样。年老长寿，就是获得了“重新梳理人生之线”的时间。

获得额外的奖励时间，这实在是人生的奖赏。

长寿是奖赏。是上天赐予我们的，将缠绕在一起的线重新梳理好的奖励时间。

——年老的时光是让一切“从零开始”的奖励时间。

当你被『理所当然』的观念所束缚时，就会停滞不前

“人上了年纪就会变得顽固。”

虽然常有人这么说，但我认为这取决于个人的心态。

一般来说，随着年龄的增长，人会愈发忠实于基于自身经验教训的生存法则。把“最近的年轻人啊”当成口头禅的人，或许有必要拓宽一下视野。

我通过法律和人际关系问题看到了战后日本的诸多变化。

我认为，无论在哪个年代，人一旦被自己心中“理

所当然”的观念所束缚，就会拒绝或者试图改变不认可这个观念的人。

结果，人际关系出现隔阂，甚至会到难以修复的局面。

在不同时代和不同成长环境下，人们对“理所当然”的认知也不一样。我很喜欢跟年轻人聊天，也很热衷于了解现在的电视节目以及时下流行的东西。有时我也会戴电视节目上推荐的帽子和围巾，看电视节目总让我有新的发现。

另外，近年来，我的很多家庭案件都是跟和我一样在福冈拥有事务所的稻村铃代律师一起处理的。我们从她的新人时代开始交往，至今已经30年了。

和知根知底的律师一起接案子可以吸收很多新的想法，也能学到很多新东西。

即便上了年纪，也应该融入当下的时代。要葆有对知识的好奇心，用一颗真诚的心对待所有人以及一切新事物。

所谓真诚，并不是单纯地对他人的话照单全收。从事律师工作，为了委托人的利益，不让步的强硬态度是必要的。但如果态度真诚的话，就能在理解对方想法的基础上，灵活地采取行动。有了真诚，就能更加柔软地提出我方的主张，也能从中取得平衡。

被夸奖时，要说“啊，是吗？我很开心，谢谢”。当别人说“为什么不这样做呢？”的时候，不要盲目否定对方“不懂别瞎说”，而是要试着感谢并接受，告诉对方“谢谢你教我”。当有人与自己想法不同时，要试着换个角度看问题：“哦，原来也有这种想法。”

这不是让你放弃自己的想法，而是让你从容地接纳新想法，这样人生才会变得更鲜活、更快乐。

被“理所当然”的观念所束缚，就会排斥他人和社会，变得孤独。

——什么是“理所当然”？

解开内心缠绕的线，用感谢的话语将它们重新系在一起

我对“率真”这个词有着特殊的感觉，因为它背后藏着我对母亲的回忆。

我的生母在我小学四年级的时候就去世了，她走的时候还留下了一个7个月就出生的早产儿。为了我们五个孩子，父亲在周围人的劝说下娶了已故母亲的妹妹，也就是我的小姨为第二任妻子。新妈妈带着两个女儿来到我家，她们一个大我一岁，一个小我一岁。作为表姐妹相处的时候，我对她们并没有特别的感觉。但近距离接触后我才发现，我和任性的妹妹合不来。新妈妈也给人一种冷漠的感觉，就这样，原本性格开朗的我渐渐变

得阴郁起来。

当时正值太平洋战争期间，我想离家去东京的帝国女子专业学校国文系学习。虽然顺利通过了考试，但进入女子专业学校学习需要提交内申书[1]。

内申书中有一栏是由父母来填写的关于孩子的内容，其中有一个问题是“您怎么看待您的女儿？”

我当时很错愕，按照规定本人不能看自己的内申书，但一想到母亲会怎样写，我就有点儿害怕。

但是，我还是想看。

我实在很在意里面的内容，于是从边上轻轻撕下了信封，看到内申书上写着一个词——率真。

母亲用好看又工整的字迹写下了这两个字。

“率真”二字完全出乎我的意料，直到现在我也忘不了那一刻内心的惊讶以及难以言喻的喜悦。

---

[1] 考生情况介绍。大学或高中入学考试时，由考生毕业学校提供的有关成绩等的调查报告。日本法律上的名称为“调查书”。——译者注

我在心里深深地鞠了一躬，向母亲道歉："谢谢妈妈，请原谅我这个不懂事的孩子。"我曾经那么叛逆，母亲却非常认可我，说我是个率真的孩子。

那时候我还不太明白率真是什么，但我却有一个强烈的念头：要率真，要一直率真。

这件事成为我们关系逐渐改善的契机。一想到对方认可了自己的优点，我的叛逆心也就慢慢变淡了。

我结婚生子后，和母亲保持着良好的距离，心态也更从容了，我们的关系得以进一步改善。母亲住在熊本县的法院附近，每次我去参加庭审或者扫墓时顺路去母亲家，她都会亲自下厨，做可口的饭菜等着我。我很喜欢她亲手做的什锦寿司。

母亲85岁时，我对她说："你有什么想说的话，可以写给我。"母亲寄来的信字迹无力，让人很难相信她曾经写得一手好字。信中她诉说着年轻时生活的艰辛，还有一些说了也无可奈何的事，以及感谢我在父亲去世后仍然寄钱给她。

出生于明治时代的父亲是一个严肃寡言的人，也就是所谓的“肥后顽固”[1]，但母亲却从未违抗过父亲。养育父亲带的五个孩子，再加上自己的两个亲生孩子，这样的日子一定很不容易吧。读着信，我再次体会到了母亲的辛苦和纠结。

母亲于98岁时去世，我们之间那些缠绕在一起的恩怨线，多亏了母亲的长寿才得以解开，我也终于用一根名为感谢的线将它们重新系在一起。

年幼时看到的风景和积累了丰富的人生经验后看到的风景是不同的。

随着一天天长大，在彼此都到了一定年纪的时候，人才会真正了解父母以及那些严厉教育过我们的人的真实想法。

---

[1] 熊本方言。熊本在日本古代被称为肥后国。该词用来形容典型的熊本人性格：固执、倔强、死板。

一定会有和解的一天。

——好好去品味那些只有积累了人生经验后才能看到的风景。

谎言会在内心筑起空虚的牢笼

一名 40 多岁的男性深夜用螺丝刀潜入某大厦，盗取某公司办公室抽屉内的财物时被发现，当场被捕。据说他以前也犯过同样的案子。

“你还犯过别的案子吧，我们有证据。”面对警察的盘问，他依然顽固地否认道：“不，只有这一起。”

当我告诉他“自己做过的事就要承认，不能说谎”时，他脸色一沉，好像想到了什么。原来他小时候撒谎时母亲曾经告诫过他：“撒谎是成为小偷的开始。”

之后他向警方坦白了一切。他的妻子拿出了赔偿金，我拿着钱挨家挨户地去赔偿给受害人。最后这名男子被判有期徒刑两年六个月，缓刑五年。

男子高兴地对我说："我感觉好像在做梦，谢谢您。"说这话时，他脸上露出了安心的表情。过去他反复说谎，今后终于不用再说谎了。他决定洗心革面地活下去，神情看起来十分坚定。

"谎"字在日语里写作"嘘"，是口字旁右边加一个虚字，意思是人在说一些不是事实的话时会感到心虚。

人为了欺骗他人或是保护自身而说谎，但无论你怎样对社会撒谎，你自己心里都很清楚那是谎言。

有句话是这么说的："说一个谎的人，往往意识不到自己背负了怎样的重担。为了圆一个谎，要另外再说二十个谎。"对此，我也深有体会。

一开始也许是为了保护自己而撒了一个小谎，但却会因此失去很多东西。失去周围人的信赖，失去与他人的联结。不久，人生也会失去光彩。之后就再也无法走出自己所编织的谎言的牢笼，从此背负起沉重的人生负担。

不要把自己关进谎言编织的牢笼中。

——就算别人不知道，你也会知道自己在说谎。

即使你打算独自生活，也不可能一个人活着

有一位年轻的妻子因为无法忍受丈夫的谩骂而带着孩子离开了家。她在娘家住了两年，丈夫还是不同意离婚。

这位丈夫表示："她是擅自离开的，所以我不会付生活费，我们也没有离婚的理由。"妻子进退两难，跟我吐露了她的心声："我因为不安而睡不着觉，甚至想死了一了百了。"

咨询者们大多是因为当事人之间协商不顺利才来找我的，但这样的咨询也会让我心情沉重。

如今，分居时间足够长就会被允许离婚，但如果一

方不点头的话，整个过程还是会拖很久。

我告诉这位妻子：“不管是生活费还是离婚，都可以通过法律途径提出诉求，所以不要放弃。千万不要忘记，你还有父母和孩子，为了他们你也要好好活着。”

无论多孤独的时候，我们也绝对不是一个人活着的。说到这里，也许有人会说 “不，我一直一个人活着”，但这并不是事实。

你能存在于这个世界上，必定离不开父母、祖父母、曾祖父母以及他们的祖先。而且，你出生后同样是在很多人的帮助下活着。

人这种动物，并非一出生就能独立。你现在还好好地活着，就证明这世上有很多让你活下去的人存在。

我现在每年都会在盂兰盆节和年末回福冈和熊本的娘家扫墓。扫墓的时间是很珍贵的，它让我回忆起那些生育我、养育我、保护我的人，同时也让我通过思念故人明白自己是“靠着很多先人活下来的”。

人啊，独自来到这个世界，也独自离开这个世界，但没有一个人是独自活着的。

我们能活到现在，一定曾经被人抱着，被人牵着，与他人产生联结。我们是在很多人的帮助下活着的。

“我一个人也能活，别管我。”

当你想对他人说这句话的时候，请记住，听你说这句话的人，也是让你活下去的重要的人之一。

人生是属于自己的。但是，生命是由他人赋予和扶持的。

——“一个人也能活”是很傲慢的说法。

懂得适当遗忘的人幸福指数会加倍

随着年纪渐长，人会分为两类：一类人会觉得“太麻烦了，算了吧”，从而选择遗忘一直以来所忧虑的事情；另一类人则会怨念更深。

造成这种差异的原因在于，人自身幸福指数的高低以及内心从容与否。

那么，如何才能提高幸福指数、保持内心从容呢？我认为关键在于不执着于过去。

“那个时候那样做就好了”“我绝不原谅那个人”，类似这样的后悔和怨恨会让你远离幸福。无论如何也放

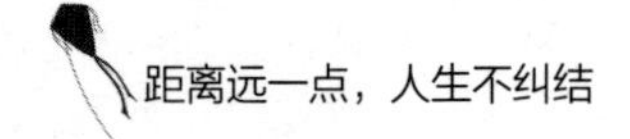

不下过去的时候，不妨试着问问自己：

“就这样，一年、两年、五年，自己打算一直活在后悔和怨恨中，受它们的折磨吗？”

人只要活着就有未来。你是愿意有一个伴随着后悔和怨恨的未来，还是愿意放下这些，选择一个拥有安稳生活的未来呢？现在就是做决定的时候。

这也是在离婚和继承等问题中解开人际关系纠结的关键。如果觉得“这样不行”，就要立刻转换方向，把精力用在自己喜欢的事情上，这样才更容易抓住幸福。

尤其是女性，往往倾向于凭借个人的努力让人际关系朝着自己想要的方向发展。正因为如此，婆媳问题、夫妻问题才会显现出来。在别扭的关系中，女性越是想解决问题，就越是纠缠不清。这种时候，需要有意识地试着放下一些想法和坚持。

我建议这种时候不妨去寻找新的兴趣爱好。

我在不能跳能乐仕舞之后，开始练习一直想练的书法。因为我是站着写字，所以腰部也比较轻松。我每个月只练一次，每次只练一个字。因为老师很爱表扬我，所以我一直练得很开心。我想，坚持下去总会有进步的。

不管多大年纪，只要发展新的兴趣、挑战新的事物，能做的事情就会越来越多。抛开现有的问题，把目光转向其他事情，在新的人际关系中寻找乐趣，一直以来过度集中的视野就会得以拓宽，心境也会变得从容。内心从容的人才能宽容地对待他人，而且也不会嫉妒他人的幸福。面向未来，享受当下，如此一来，人的幸福指数也会随之提高。

像这样，享受现在能做的事情，你会发现，那些本以为无法解决的问题也会在不知不觉中得到解决。

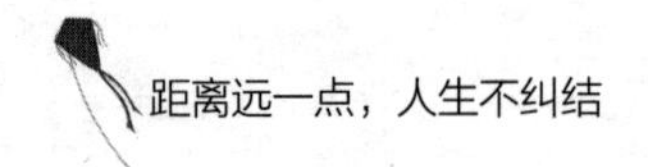

是“持续怨恨的未来”还是“安稳度日的未来”，现在就可以做出选择。

——不要让“被束缚的心”阻挡幸福。

兴趣爱好，是心灵的归宿

我年轻的时候，当工作取得了好结果，与委托人共同分享喜悦时，内心会有一种充实感。但在取得结果之前的整个过程中也会有很大的压力和孤独感，常常会有被压垮的感觉。

我反复问自己：这份与人的纷争相关的工作真的适合我吗？我必须理解委托人的想法，拿出更好的解决方案，做他们的后盾，这种责任感几乎把我压垮了。有时我甚至想“不当律师了”，萌生了逃离的念头。

这种时候，支撑我坚持下去的是能乐。

30岁的时候，我接到了福冈地方法院安倍正三法官的电话：“今天有能乐仕舞的排练，要来吗？在舞台上练出胆量后，在法庭上也能大声讲话。”大概是因为他看出了我在法庭上不太自信的样子，所以才会这么说吧。收到他的邀请后，我去了排练厅。

我去的时候，安倍先生正在地方法院的和室与实习生一起练习宝生流[一]的谣曲。工作中我了解到安倍先生是一位充满人情味的法官，因此很尊敬他。尽管当时我的腿很麻但也没有说，一直坚持练习，直到现在。

我一边跳能乐仕舞，一边感受内心深处的充实感和紧张感。对我而言，跳舞的时间是可以忘却工作、感受内心安宁的宝贵时光。

另外，因为获得了在报纸上写专栏的机会，我有了一个表达想法的平台，也让我以此为契机进一步审视工作以及自我。

无论我的身份是律师，还是妻子、母亲，能乐和写

[一] 日本能乐的一个流派。——译者注

作都是我的心灵的归宿，它们一直支撑着我。

等到育儿告一段落，稍微安定下来，可以自在地按照自己的方式生活时，我已经年过45岁了。那个时候，我才终于体会到“当律师真好”。

对于前来咨询的女性，我一直建议她们在工作之余多培养兴趣爱好。这是因为，兴趣是心灵的归宿，拥有更多的归宿，视野才会更加开阔。

比如，即使在家庭和工作中遇到困难，那些专注于兴趣的时间以及兴趣带来的人际关系也能给自己带来支持和鼓励。

另外，如果能将兴趣爱好坚持下去的话，在相应项目上的水平也会得到提升。这或许会用到工作上，或许会培养出友情，无论如何都是人生的一笔宝贵财富。

在健康长寿的同时坚持兴趣爱好，这样的话，即便是60岁开始做某件事，也能在不知不觉中坚持10年、20年、30年。人在任何年纪都可以为自己建造一个心灵的归宿。

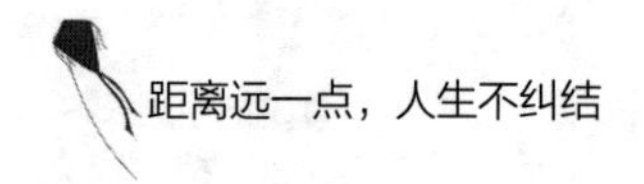

任何时候开始都不晚。

——去寻找心灵的归宿吧。

距离远

人生不纠结

一点

04

保持活力，乐享当下

距离远一点，人生不纠结

接受帮助也是为了昂首挺胸地活着

据报道，2016年，日本百岁以上的老人突破了6.5万人。日本政府护理保险的引入以及24小时家庭护理服务的普及等，使得护理的精细程度和服务水平都有了很大提升。

据说，近年来，医生和护士提醒生活习惯病[㊀]患者时不是说“生病了会死的”，而是说“生病再痛苦，也死不了”。

㊀ 即成人病。尤指从青年、中年开始就要重视预防的疾病。主要指癌症、中风和心脏病，还包括糖尿病、肺气肿等。日本厚生省于昭和三十一年（1956年）首次使用这一名称。平成八年（1996年）起改称生活习惯病——译者注。

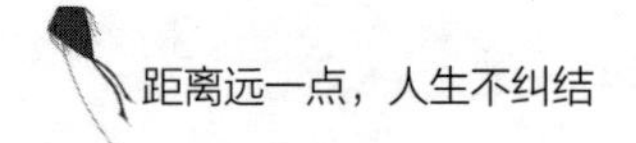

T先生曾是某县立高中的校长，与他相伴50年的妻子去世半年后，我曾帮他拟定遗嘱。当时78岁的T先生健康又独立，并且是一个内心柔软的人。他的女儿和两个儿子都很孝顺，他们都劝他和自己一起住，但T先生不愿意离开家乡，所以选择了独居。

T先生当时立了一份遗嘱，遗嘱的中心思想为以下四点：

1. 想好好祭奠妻子的亡灵

“这块土地、这个房子是我们老两口的命。我想让它尽可能地保持原样，使我可以缅怀妻子生前的种种。”

2. 希望尽量避免复杂的生活，以免消耗身心

“我可以忍受独居生活，但如果跟他人同住，遇到矛盾、沟通不畅等让彼此都不舒服的事情时，只会令人烦心，感到身心疲惫。”

3. 想要活得有价值

“失去了生存的价值，就等于没有活着。我的人生

价值在于：三个孩子都好好活着；在家里的菜园里种上应季作物，时不时给孩子们送去，以分享乐趣；在版画组织当志愿者指导学生等。”

4. 保持健康

“我肠胃不好，所以希望尽量保持良好的状态。我在家里的菜园里种了菜，每天劳作，这就是最好的运动。”

T 先生围绕这四点理念写下了遗嘱，文字流畅。遗嘱立好后已经过去了 10 年，T 先生依旧完全不见老态。

诗人塞缪尔·厄尔曼[㊀]在《青春》一诗中曾这样写道：

“青春不是年华，而是心境；（中略）年岁有加，并非垂老；理想丢弃，方堕暮年。岁月悠悠，衰微只及肌肤；热忱抛却，颓废必至灵魂。”（王佐良译）

这首诗简直就是在说 T 先生。

㊀ 1840 年 4 月 13 日—1924 年 3 月 21 日，是一名生于德国的美国作家。儿时随家人移居美国，参加过南北战争，之后定居伯明翰，经营五金杂货，年逾 70 开始写作。著作有知名散文《青春》等。

“我还很享受一个人的生活呢。”

T 先生直率、爽朗、坚毅的样子深深地打动了我。

多年来，在处理离婚问题的时候，我一直在向女性传达“三个独立”，即：

“经济独立！”

“精神独立！”

“社会独立！”

但是，随着年龄的增长，这些也有可能无法实现。我认为，到了人生的后半段，我们需要不同于以往的独立。

这就是第四种独立，也就是“自己的事情自己做，做不到的就拜托别人”。

面对不借助他人之手就无法完成的事情，以及自己一个人做会感到不安的事情时，要积极地寻求他人帮助，并诚挚地感谢他人。但是，对于自己现在能做到的事情，就不要依靠他人的帮助，要尽可能地自己去做。为此，我们需要知道自己能做什么、不能做什么。

不要觉得上了年纪就理所应当被帮助、被照顾，而是要在接受帮助的同时不断探寻自己能做哪些事情。

如果把他人的存在视作前提，认为被人帮助是理所当然的，那么一旦这个希望落空，我们就会产生不满、愤怒、痛苦等情绪。

只有从一开始就知道自己是一个人，才能做到无论何时都不迷失自己与他人之间的边界，始终与他人保持适当的距离。

这样一来，我们也会更重视人与人之间的关系，也更能在关系中给予爱、感受爱。当别人为我们做了什么的时候，我们也可以坦诚地接受并表示感谢。

我想抱着这样的态度走完接下来的人生。

分清楚“需要他人帮助的事”和“自己能做的事”，这也是一种独立。

——要优雅地老去。

身后为家人留下什么、不留下什么

来事务所咨询遗产继承问题的人越来越多。在日本，我觉得很多人对于照顾年迈父母的人不再抱有敬意，而只顾着要到自己那份的财产。

“不管是男是女，在继承上兄弟姐妹都应该平均分配吧？我要求按照法律来办理。”

“兄弟姐妹平分财产是不可能的，这样家业无法维持下去。”

“哥哥想独吞财产，我决不允许这样的事发生。”

“父母生病的时候他都没有照顾。”

看着手足间越说越激动，我只能安抚他们的情绪，尽量让他们先冷静下来。但是每个人都只顾着主张自己的权利，完全忘记了相互体谅。他们置手足之情于不顾，我实在不忍看到这样的场面。

只要相互不让步，遗产之争就会拖很久。所以，有的人为了不让家人在自己去世后因为争财产而起冲突，会在生前立下遗嘱。

我常告诉大家“过了70岁就要立遗嘱”，只要多做这一件事就能避免一场纷争，所以没有理由不这样做。

我父亲66岁去世，他虽然没有立遗嘱，但他在去世的半年前曾提出：“我死了之后，可以把二楼作为学生的寄宿屋[㊀]。”我家原本是平房，说完这话后，父亲又加盖了二楼，并隔出三个房间。

㊀ 出租屋。在日本是指将自己家的一个或几个房间租给他人住宿（也有同时提供膳食的）。——译者注

父亲很认可母亲做菜的手艺，不久后他就通知孩子们要举办扩建庆祝宴，把子孙召集到一起。我和先生也抱着出生还不到半年的大儿子出席了聚会，父亲当时非常高兴。

次月，父亲在澡堂摔倒，仅仅三天后就离开了人世。

也许加盖房屋时父亲就预感到了自己将不久于人世吧。之后，母亲把二楼的房间租给了三个大学生，并欣慰地跟我说："大家（大学生）看起来都很开心。"这就是豪爽、仁慈、洞察力敏锐的父亲去世前的情形。

遗嘱也可以为老年生活做准备。写遗嘱的过程中，可以回想起自己人生中的积累和收获。

上了年纪后独自一人的时候想怎样生活？如果卧床不起，或者患上老年痴呆，自己的存款、股票、房产要怎么处理？写遗嘱是规划老后生活的好机会。同时，也是思考如何分配重要的房产和金钱，将它们留给珍视之人的机会。

为了避免身边重要的人在自己死后因为金钱发生冲

突，就有必要在生前做好分配。我认为，重点不在于财产的多少。我们去世后，那些对我们而言很重要的人难免会沉浸在悲伤中。为了让他们能够以平静的心情生活，为了让他们幸福，在活着的时候为他们留下一些信息，这是很有品德的行为。

遗嘱是留给家人的信息，也是回顾人生、为老年生活做准备的机会。

——尤其是那些“根本没什么财产”的人，更要为自己立遗嘱。

令遗属感叹的一封『花的遗书』

这是一个发生在某个樱花季的故事。

N 女士去世了，她曾说过：“如果能在樱花飘落的时候死去就太棒了。”她去世那天，正是一个樱花飘落的暖日。

除了房产和退休金，N 女士还有足够的积蓄来安度余生。她得知自己患上癌症后，便前往公证处立遗嘱。一直单身的 N 女士有一个愿望，就是把财产捐给自己做志愿者的福利团体。

N 女士去世后，她的家人被告知了遗嘱的内容，上面写着："将 80% 的存款捐赠给 N 女士所在的福利团体。房产和剩余存款由哥哥的长子继承，并委托他操办一切后事。"

遗产继承按照遗嘱执行，福利团体也送来了一封感谢信，信中将 N 女士的遗嘱称为"花的遗书"。我认为，她的这种做法体现了日本人少有的爽快决断，公正的遗嘱和法律也让她的心愿得以实现。

同时，法律在人们眼中也可能不近人情。曾经有一位女性来找我咨询继承继父遗产的相关事宜。

她的母亲在她 3 岁的时候嫁给了继父。继父没有孩子，和母亲婚后也没有生小孩，所以她一直是独生女。一直以来，继父都把她当成亲生女儿一样悉心抚养。

母亲先一步去世，后来继父又在 80 岁时病倒了，她不合眼地照顾继父，但继父还是在三天后离开了。由于当年继父没有办理收养手续，所以她没有遗产继承权，只得来找我商量。

这些遗产是母亲和继父共同积累的，实质上是父母的共有财产，如果没有法律规定的话，理应全部由女儿继承。要是这位女士的继父留下遗嘱，表示“要将财产赠予亡妻的女儿”，就没有任何问题了，但现在这种情况我也无能为力。

于是，我将这位女士继父遗产的法定继承人们召集到一起，并给他们的律师写了一封信，上面写着遗产目录和遗产形成的过程。幸运的是，所有继承者都表示理解，双方达成协议，全部遗产的二分之一由我的委托人继承，其余部分则由继父的侄子和外甥继承。

法律是解决人际关系问题的准则。当然，法律也可以救人，但有时候法律也不完全贴合实际。我认为，填补法律与现实之间的空隙，这就是我们律师的工作。

“站在对方的立场上考虑。”

这是我刚当上律师时，恩师滩冈秀亲经常对我讲的话。有一次发生了一件事，让我得以好好思考这句话的意义。

某位女士来找我咨询，她和一位有妇之夫有了孩子，她要求男方承认这个孩子并支付抚养费。

对方表示“要是被妻子发现就麻烦了”，所以还没有调解就答应了我方提出的高额精神损失费和抚养费，并承认了这个孩子。我很满意这个结果，但委托人却提出了抗议。

“我想用调解的方式解决。”

我的委托人想让这个自私的男人出面调解。他一边说着要离婚，一边继续着和我委托人的关系，有了孩子就想逃跑。

这位女性当下最迫切的愿望，是希望对方能够好好面对自己和孩子。当时我还是一个新人，那一刻我才突然意识到，我并没有体谅到委托人内心的痛苦。

这段经历告诉我，要解决案子，一定要站在委托人的立场上考虑问题，体谅对方的痛苦和委屈，在此基础上思考对策。

在那之后，我又陆续参与了很多案子，深刻体会到了法律是无法裁决人心的。有时我们会得到法律的帮助，有时也会感受到它的无情。在这个过程中，我必须全身心地持续思考：“怎样才能贴近委托人的内心为其辩护？怎样才能让委托人获得幸福？”

人是有心的。

遗产继承也好，离婚问题也好，如果因为法律有规定就认为那是正确的，不符合法律规定就认为对方应该被审判，这样原本可以解决的问题也会陷入僵局。而且，即使这些问题得到了解决，也可能会引发家庭破裂等悲剧。

我想，能否理解和体谅对方会导致不同的结果。

能拯救他人的不是法律，而是对他人的理解和体谅。

——会留到最后的，不是金钱，而是“心意”。

逝去的人不会留下多余的钱

谁都希望能够健康地活到自然老死，不让身边的人承受照顾病人的辛劳。或者正因为如此，才会常听说有人顾虑自己或许会长寿，到了晚年不敢花钱。也有不少人表示“只要有钱老了之后就安心了”“留下钱孩子就能幸福”。

但是，自己去世后，家人们也可能会因为仅有的一点点财产而骨肉相争，我希望大家也能考虑到这一点。有钱虽然能让人安心，但未必会给人带来幸福。

某位男子去世后，分别给三个儿子留下了三封亲笔遗嘱。兄弟三人都误以为“父亲只给我写了遗嘱”，而三人中的一人来找我咨询。

他们的父亲 70 岁时母亲离世，那之后父亲就和大儿子一家住在一起。那时候，父亲写下了“财产全部由大儿子继承”的遗嘱。但是，这位父亲常向二儿子和三儿子抱怨自己与大儿子夫妻二人关系不好，因此也分别给另外两个儿子留了遗嘱。

也许，父亲是为了让孩子们重视自己，才分别写了对他们各自有利的遗嘱吧。

遗嘱本来应该以最后立下的那份为准，但这父子几人的故事却有着出人意料的结局。父亲存折上的余额最后只够用来支付葬礼的费用，根本无法实现遗嘱上的内容。不过，通过这个故事我们也可以看到，依靠金钱来维系的亲情是很脆弱的。

中国北宋时期的儒学家司马光曾说过：“积累金钱留给子孙，子孙不一定能守住。积累书籍留给子孙，子孙不一定能读。不如多积累点善德，这样才是为子孙打算的长远之计。㊀”

即便担心孩子的前途而想为他们留下财产，但突然降临的金钱也并不会让他们幸福。

换句话说，比起留下钱，让孩子学会独立生存的方法更重要。为此，有必要让孩子自觉地做一些对社会有益的事情。对于这种想法，我表示十分赞成。

在国外，很多富豪选择不给子女留下遗产，而是将大笔金钱捐赠出去，这样的事情时常见诸报端。

我也从年轻时起就被律师界的前辈教导“要做对社会有益的事”，因此，我长期担任“社会福祉法人㊁福冈生命热线”的理事。另外，我每年都在捐款，虽然数额谈不上多大。

我通过工作来赚取金钱，把这些钱用于兴趣爱好，

㊀ 出自《司马光家训》，原文为“积金以遗子孙，子孙未必能守；积书以遗子孙，子孙未必能看；不如积阴德于冥冥之中，以为子孙长久之计。”

㊁ 从事社会福利事业的组织。

如能乐仕舞等，这又会反过来成为我工作的动力，同时也将赚得的钱回馈一点给社会。我想，这就是人生的平衡之道。

首先要让自己过一个快乐、带着笑容的晚年生活，为此需要花费金钱。在有余力的情况下，再为自己和子孙后代所生活的这个世界花钱。展现给子孙后代的这种姿态，就是他们能够继承的最宝贵的财富。

不要让自己辛辛苦苦留下来的财产剥夺了孩子们自立的机会，并埋下争斗的种子。

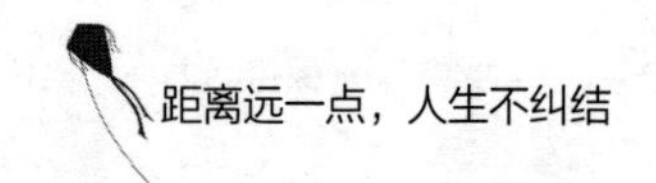

留下的金钱不仅不会带给人福气，它甚至会把人变成恶鬼。

——不要让身边重要的人为了遗产而争斗的悲剧发生。

不要让任何人夺走自己的人生

近年来，日本有很多以中老年群体为对象的骗婚事件。骗子们通常会通过交友网站和相亲活动等渠道来寻找目标。

据说，有个男骗子告诉女方自己声名显赫，经营着一家公司。他大方地给女方买了很多衣服、鞋子、包包等，并且很早就对女方表示："我在认真考虑我们的将来，所以也想好好见一下你的孩子。"以此来展现他的诚意。他约女方在线下见面，一起吃饭，甚至早早准备好了戒指。

过了一个月左右，他就会找一个煞有介事的理由向女方借钱，如“公司有一笔款还没有到账，现在正在处理，但必须熬到月底”等。等女方的300万日元存款用光的时候，骗子也就不知去向了。这时女方才意识到这是骗婚，但为时已晚。

另外，近十年来转账诈骗案例也急剧增加，这类诈骗夺走了家人之间的牵绊。其中最出名的是“我我诈骗”[㊀]。之所以叫这个名称，是因为骗子会冒充独居老人的儿孙给老人打电话，说“是我，是我”，还会用“我出事了，需要钱”等理由向老人要钱。老人的钱被骗了不说，被冒充的儿孙也会很生气：“我怎么可能向你要那么多钱呢！”因此，和受害者的关系也会变得很紧张。

转账诈骗、结婚诈骗、投资诈骗……虽说诈骗方式花样百出，但几乎每个受害者在成为当事人之前都一致认为“我不会遇到这种事”。实际上，即便是律师也很难识破骗局，有时也会成为受害者。

㊀ 一种电话诈骗，受害者往往都是独守家中的老人，犯罪分子经常在电话的开头急促地说“オレ、オレ”（是我，是我），故得此名。——译者注

例如，打完官司后，发誓要改过自新的被告人有时会向律师借钱，然后打了借条就消失了。也许有人会感到惊讶："律师也会遇到这种事吗？律师不是不会被任何人骗到吗？"但是，骗子大多是骗人的天才。律师之间甚至有这样的说法："不要接诈骗案件。"

如果遇上了专业的骗子，律师也会上当，更何况是不具备专业法律知识的老人，所以不要去谴责他们，他们也是很可怜的。

与其这样，不如牢记"谁都可能上当"，并和家人一起思考对策。比如，用一些关键词来确认来电者的身份、换手机号时一定要告诉家人等，事先定好这些规则就好了。

为了不让任何人夺走由自己掌控的人生，我们无论何时都要拥有自我保护的智慧。

真正的悲剧是，家人之间的牵绊也被诈骗破坏了。

——不要失去自我保护的智慧。

时间会把『最辛苦的事』变成『最美好的回忆』

某位作家在随笔中写道：“我活到现在，最快乐的时候就是离婚的时候。”

说来也是，旷日持久的离婚案件终于尘埃落定的时候，人们常说：“今天是我人生中最开心的一天。”

顺便说一下，我在先生生前曾问过他：“对你来说最开心的时候是什么时候呢？”他回答说：“看到日本舞鹤港的时候。”先生大学念到一半就上了战场，[一]后来

㊀ 二战末期日本颁布《在校征集延期临时特例》，规定除了工科和师范专业之外，其他文科专业的在校生都需要保留学籍入伍。——译者注

又被苏联扣留了两年。对他来说，活着再次踏上日本土地的那天，就是人生中最开心的一天吧。

对我而言，最开心的时候则是通过司法考试时。我考了好几次都不合格，后来接受父亲的特训，好不容易才顺利通过。

父亲对我说："如果你立志成为法律专家就可以去上大学。"我如愿上了大学，但入学后却很痛苦。我一直认为自己当不了法律专家，所以完全没有投入到学习中去。一次偶然的机会，我在大学教会被邀请加入了基督教青年会。

这是一个温暖人心的社团，但这件事传到父亲耳朵里，他却大为光火，立马发来电报说："不喜欢法律就别念大学了！"我没有回复，他又发来电报说："马上收拾行李回来！""不爱学习我就停止给你寄钱！"我对父亲感到很抱歉。我寄宿家庭的女主人是一位虔诚的基督徒，她很担心我的状态，便带我去了教会。

我不想退学，所以进入了校内为司法考试的考生而设的研究室。尽管如此，通过考试的希望依然很渺茫。

对于背叛和父亲之间的约定我深感罪恶，于是瞒着他接受了基督教的洗礼。我想自己之所以这样做，是因为精神上被逼入了绝境，想要寻求救赎。

大学毕业后我回到熊本，虽然下定决心开始学习，但这么做并非出于我本心，有时我还会把法律书扔进被子里。我也会把小说藏在法律书的下面，趁父亲不在就打开小说来读，或者偷偷溜去看电影。

父亲当初一边在学校当老师，一边踏踏实实地自学，最终通过了律师考试。这一经历让他产生了“只要努力去做就能成功”的想法。

过了半年，我已经掌握了自成一格的答题要领。父亲对我说：“久子，你一定会通过考试的。”在这句话的推动下，我终于开始认真起来。

1953年，我通过了笔试，但面试失败了。第二年，在父亲的建议下，我于9月份来到东京准备面试。那时，我在母校的备考组织瑞法会进行冲刺阶段的学习。面试顺利结束后，为了看第二天的结果公告，我去了位于霞关的法务省。放榜时，看到榜单上的“合格”两个字我大喜过望，立刻扑向身边的男性，然后给父亲发去电报，告诉他这个喜讯。

回首过去就会发现，眼下越是痛苦挣扎，将来体会到的喜悦就越是深刻难忘。

女专时期的朋友曾笑着对我说："活到现在最开心的时候，就是常和生病的丈夫聊天的那半年。"

她丈夫是个沉默寡言的技术型工作狂，唯一的乐趣是休息日一个人去钓鱼。虽然丈夫从未抱怨过她，也没有为难过她，但由于无法了解沉默寡言的丈夫的想法，加之没有孩子，所以她一直以来都感觉很孤独。丈夫在退休后不久就生病了，夫妻二人也因此有了大量的交流时间，通过这个机会得以了解彼此的想法。她曾深有感触地说："多亏我的长寿，才让我遇上了这个好事。"

即便现在身处痛苦的环境中，终有一天也可以笑着说"那时候真是辛苦啊"，这一切都将成为人生中不可多得的回忆。而且你会发现，在这些回忆的背后，一定有支持自己的人、相信自己的人、爱自己的人。

不妨和家人朋友一起聊聊“迄今为止最开心的事”。人啊，随着年龄的增长，那些辛苦的往事应该跟令人怀念的回忆一样多才是。当我们忆起往日的辛苦时，会为曾经努力的自己感到自豪，也会感受到当下的幸福。

辛苦的往事变成幸福的回忆，这就是一个人成熟的标志。

——此刻让你感到辛苦的事，终有一天也会变成美好的回忆。

活过的证据，就是被在意的人记得

曾有人问我："活着是怎么一回事呢？"我认为人活过的证据，就是死后依然会被在意的人记得。

永六辅[一]先生生前曾说过："人有两次死亡。第一次是肉体的死亡。但是，只要还有人记得我们，我们就会永远活在那个人的心中。人最后的死亡，是在不被任何人记得的时候。"如今，我送别了很多关照过自己的人，

㊀ 本名永孝雄，日本知名广播作家。活跃在草创期的电视界，从为《昂首向前走》作词开始创作出许多知名作品，于2016年7月11日去世，享年83岁。——译者注

方才深切体会到了这一点。

而且，被记得的人真的会活在很多人的心中。有时候，人们会说“记得那时我曾被他那样说过”，尽管我们记住的不全是对方好的一面，但我们笑着回忆起故人的时候，浮现在眼前的不是他晚年病弱的模样，而是他生气勃勃、富有魅力的样子。我想，正是这些回忆描摹出了故人在我们心中的样子。

那么，怎样才能成为被记得的人呢？首先要多交朋友，然后，通过做志愿者等来帮助他人，与社会建立联结。

育儿工作告一段落的家庭主妇、从公司退休的人等，如果之后不积极地和社会接触，人际关系就会逐渐淡薄，最后可能只有在医院才会被叫到自己的名字。

我认为，长寿之人有责任将漫长岁月积累的智慧和能力传授给后辈。与他人建立联结，为他人付出，这样的人一定会成为被记得的人。

人会永远活在“某个人的记忆”里。

——谁在你心里呢?

认真感受当下的每一刻

我今年已经90岁了，这是我从事律师职业的第61年。为了那些将足以改变人生的大事交托于我的委托人，我始终认真地对待每一个案子。我必须全力以赴地活着，没有时间为过去的事情耿耿于怀。

当律师让我真切地感受到，没有人知道明天会变成什么样子。正因为如此，我们才要今日事今日毕。认真对待每一个案子、每一位咨询者以及每一天，一直以来我就是这样活着的。

如果我遇到什么高兴的事情，比如收到道谢电话或者感谢信等，一定会当天给予对方反馈。这不是出于礼节，也不是成功的秘诀，只是因为这么做能让自己在开心的同时也让对方开心。而且，因为不知道明天会发生什么，我们才要为今天彼此之间拥有的联结，而发自内心地感到喜悦。

“今天不努力，就没有明天
把每天都当作一生来度过
明天又是新的一天”

这是酒井雄哉说过的话。二战结束后，他开的拉面店在火灾中被烧毁，新婚两个月的妻子也自杀了。可以说，酒井先生尝尽了人生苦楚。进入比叡山后，他曾两次修满“千日回峰行”。这是一场艰苦卓绝的苦修，一次就要历时七年。这段经历也让他深刻体会到了“要珍惜活着的每一天”。

我们虽然不是修行者，但每天也会遇到各种苦难。

只要活着就有不可避免的苦难：痛苦到忘记呼吸的境况、他人不讲理的想法、被曾经珍视的人背叛、夫妻或家人之间的争执、疾病等。

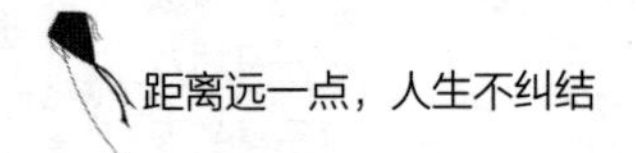

处在人生低谷的时候，我们会产生一种错觉，认为黑暗会一直持续下去，于是缩回脚步，不再怀抱希望。其实这种看似绝望的状况并不会持续太久，因为时间在流逝，看似不变的状况也在时时刻刻发生变化。

你是否有全力以赴、认真过好每一天呢？

我要在一天中的每时每刻都绽放出属于自己的花朵。当我像沉睡一样离开这个世界的时候，想要像滴落在花瓣上的水滴一般，被水灵可爱的“真实之花”所包裹。

活着的妙趣，就在于用想象描绘最后的“真实之花”，并每时每刻都让花朵绽放。

——谁也不知道明天是什么样子。

结束语

我出生于熊本这个养蚕业发达的城市。

小时候，我曾在熊本上通町的蚕丝场，饶有兴致地观看从蚕茧中提炼蚕丝的过程。

将茧泡在温水中使之变软，然后将茧的纤维拉出，就会产生一根细线。这根细线很容易断，但经过捻丝工序，它们会逐渐变成具有一定强度和柔韧性的美丽丝线。

我认为人生也是如此。

如果把人生比作一根线的话，那么刚出生的人就是很细、容易断裂的线。即便如此，经过好几层加捻，也会变得更加坚强、更有韧性。

然后，线会越来越长，再和其他线织成一个平面，最后变成一整匹布，布料可以将人温柔地包裹住。我认为这就是人与人之间的联结，也是社会的存在方式。

但是，如果线与线之间不保持适当的距离，就无法编织出一个平面。线一旦开始打结就很难解开，之后打结也会越来越厉害，最后只能将它们剪断。

想要解开缠绕在一起的线，就要花时间一根一根地去解开，以免把线弄断。是的，这需要时间。

所以，我认为，长寿之人从上天那里获得了很多“奖励时间”。若此前和某个人有心结，正好可以利用这个时间解开心结，让关系重新回到原本的状态。年纪尚轻的人，也可以与他人保持适当的距离，度过更愉快的时光。

和他人之间有心结并不是一件羞耻的事。

把打结的线解开，让它重新回到一根线的形态，打结的地方可能会有毛糙和磨损。但是，这根线应该也有其他线所没有的质感。

我希望大家都能像这样一样思考人生。慢慢地花时间解开缠绕的线，尽情体会人生的“奖励时间”。

2017 年 11 月吉日
汤川久子

作者简介

汤川久子

1927 年出生于日本熊本县，中央大学法学部毕业。1954 年通过司法考试，不久后结婚。1957 年作为“九州地区第一位女律师”在福冈市正式开始律师生涯。在超过 60 年的律师生涯中，她在抚养两个孩子的同时经手了上万起离婚、继承等与人际关系相关的案子，并始终致力于帮助女性获得幸福。她在 1958 年到 2000 年担任福冈家事法院调解委员。坐在调解席上时，她会特意摘下律师徽章，仅仅作为一位人生前辈来调解家庭问题。刚当上律师时，她对能乐产生了兴趣，并受到宝生流教授的嘱托担任理事。她用温柔包容咨询者的心，同时又用铿锵有力的语言在背后支持他们，为他们解开人生中纠结缠绕的线。她超过 90 岁时仍在工作，有很多不同年龄段的人前来找她咨询。